写给孩子的
整 理 课

王凯 李鲁宁 顾振太◎著

应急管理出版社
·北京·

图书在版编目（CIP）数据

写给孩子的整理课/王凯，李鲁宁，顾振太著 . - -
北京：应急管理出版社，2021
　　ISBN 978 - 7 - 5020 - 7989 - 5

　　Ⅰ. ①写…　Ⅱ. ①王…　②李…　③顾…　Ⅲ. ①家庭生
活—儿童读物　Ⅳ. ①TS976. 3 - 49

中国版本图书馆 CIP 数据核字（2021）第 064478 号

写给孩子的整理课

著　　者	王　凯　李鲁宁　顾振太	
责任编辑	高红勤	
封面设计	久品轩	

出版发行　应急管理出版社（北京市朝阳区芍药居 35 号　100029）
电　　话　010 - 84657898（总编室）　010 - 84657880（读者服务部）
网　　址　www. cciph. com. cn
印　　刷　三河市金泰源印务有限公司
经　　销　全国新华书店

开　　本　880mm×1230mm¹/₃₂　**印张**　8　**字数**　168 千字
版　　次　2021 年 6 月第 1 版　2021 年 6 月第 1 次印刷
社内编号　20201260　　　　　**定价**　48. 00 元

 Preface

小读者们：

　　你们好。当你打开《写给孩子的整理课》这本书的时候，你即将开启一段新的旅程，这段旅程结束后，你将有许多新的收获，你的生活、学习、成长也都将开启一个新的篇章。是的，伴随着各种妙招儿和计划，你的"整理思维"能力会越来越强大，你的变化会越来越明显，你的学习与生活会越来越有条理、越来越有头绪，从容不迫将会成为你的优点和标志。

　　在这段旅程中，你会发现"整理思维"的奇妙之处。因为整理是一种生活的态度、一种成长的习惯、一种做事的条理。

　　整理不是简单的收纳。收纳关注的是在有限的空间内将物品摆放整齐、美观，这是整理的最基本要求。完整的整理包括选择、行动和习惯养成。你要学会选择，需要在功能、美观、适用性、匹配度等很多方面做出自己的选

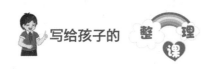
择。在选择的过程中，你将学会放弃一些你想要但实际上对你并不重要的部分。在有舍有得的过程中，你的生活将会变得简单而有序。

整理是一种生活态度。在你学会了选择之后，你会发现，最初的选择标准往往来自于老师、家长或者小伙伴的建议。经过一段时间后，你就会有自己的思考。你会问自己："这个决定是我需要的吗?""这样做会方便我的学习吗?"……那么，恭喜你，你已经拥有了"整理思维"的重要一环：问题意识。

整理是一种成长习惯。9岁的你能够将自己的书包、文具盒摆放整齐，因为你拥有了按顺序摆放物品的能力；10岁的你可以在你需要任何物品的时候，用最短的时间找到它，因为你养成了物品用完及时归位的能力；11岁的你能够在游戏与学习之间从容转换，因为你获得了精神世界的整理能力；12岁的你已经能够整理自己的朋友圈，留下适合的伙伴做朋友，去除为难的相处说再见，因为你的内心已经有了"整理思维"的加持。坚持下去，在未来的某一天，你一定会为今天的你感到骄傲。

整理是一种做事的条理。不论是你的生活，还是你的学习，或者你的课余活动，你表现自己的重要形式就是完成一件又一件的小事。完成这些小事，需要你有合适的工具、正确的顺序和完美的配合。这些需要恰恰是"整理思维"的核心内容：留下你需要的＋远离有伤害的＋摆放有秩序＋有来有回能够重复的……

最后，需要向你们隆重地介绍《写给孩子的整理课》这本书的参编老师：王凯、吕晖、李鲁宁、顾振太、宋德莲、展乐乐，他们中既有特级教师、省级名师，也有经验丰富的班主任、老教师，还有和蔼可亲的心理老师、知心姐姐，他们总结自己多年的工作经验，将与"整理思维"有关的窍门写出来，奉献给小读者们。读完这本书，你一定会受益多多哦！

你们的大朋友

《写给孩子的整理课》全体写作成员

2021 年 4 月

 Contents

第三章　整理你的玩具学具

第四章　整理你的工具箱

第五章　整理你的朋友圈

第六章　整理你的课外生活

第一章 整理你的生活物品

1. 健康生活要整理

打开我们的房门，在属于我们自己的小空间里，有学习用的书桌、摆放图书的书柜、盛放衣物的衣橱、休息用的床……在这个小天地中，我们就是这里的小主人。我们怎样整理，这里就会带给我们怎样的学习生活环境。

整洁的房间、有条理的书桌、整齐的书柜、精简的衣橱……这样干净整洁的环境，看着都叫人神清气爽。在这样的环境中学习与生活，能够让我们精神愉悦，还能防止我们把时间浪费在无关的事情上，提高我们的效率。

几位妈妈在公园不期而遇，凑在一起聊天，话题很快就集中到了自家孩子身上。

"我家姑娘很让人省心，从小就会整理，书桌上的物品摆放得很有条理，书柜里的书摆得整整齐齐，就连她的衣橱里也

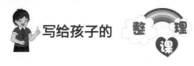
是整整齐齐的……"

"怎么做到的？快说说，我家姑娘太邋遢了，书桌上乱七八糟地摆了一堆东西，书架上的书横七竖八惨不忍睹，床上的被子也得天天提醒才会叠，不然从来都不叠。每天只要一进她的房间，我就忍不住唠叨。为此我们经常吵架。"

"就是呢，我家那小子也是这样。每次找东西都得找半天，说他他就一副不耐烦的样子，我都不知道该怎么办。"

"我家小子还可以，跟他表姐一起上学，书包、衣服都整理得很整齐。"

……

回忆一下，你最近一次整理房间是什么时候？是被父母逼着做的，还是乱得自己也看不下去了？如果是因为你想让房间变得更整洁、更舒适，让自己的学习生活变得更快捷、更高效，那说明你已经具有整理意识了，它会慢慢地影响你的学习与生活。

■ 什么是整理

整理，通常就是指规整杂乱的物品。要把物品规整好，首先要去除多余的、不必要的物品，然后再把需要的物品按照不同的标准与需要重新摆放好。

后来，整理的范围越来越宽，不再只是整理房间、整理书桌这样有具体物品的整理，也包含整理一些非实物的东西。当人们每天都虚度光阴时，我们需要整理时间；当人们每天沉迷于网络时，我们需要整理我们的网络；当人们每天为人际关系头疼时，需要整理人际关系……

这样一说，是不是感觉自己确实需要整理一下自己的房间，或者自己的生活？但是紧接着，会有人说："我太忙了，没有时间整理。"是啊，整理房间需要来回摆放各种物品，做出各种各样的决定。如果房间非常乱的话，每次整理确实需要较长的时间。但是你考虑过吗？如果不整理，每次需要找物品时就会浪费很多时间。而且，有的人整天非常忙碌，房间却很整洁。房间乱不乱和有没有时间根本就没有因果关系。把房间乱的原因归结为没有时间，只是为了逃避"我不会整理"的事实。而且用这个借口，可以继续不用整理房间。事实上，真正会整理的人，每天只需要花一点点时间，就可以把房间维持得很好。

请换一个角度来看待整理。对于整理，大多数小伙伴都觉得很麻烦，每次使用物品之后都得进行归位，经常把愉悦的心情破坏了。这时，你可以这样想：把物品整理好是为了下一次使用做准备，下一次使用时马上就能拿到需要的物品，会很开心的。不然在需要使用时，还得满房间去找，那心情肯定也不会愉快。

小试牛刀

下面是几个小伙伴在学习与生活中的现状，结合上面的提示，请你说一说他们需要整理吗。你来给点建议吧。

薛文轩是二年级的小学生，他在家里有一个属于自己的房间。在这个小天地里，书桌上摆满了各种物品，连放杯水的地方都没有，更别说写作业了。每次写作业，都得清理一阵子。

他的书随处乱放，每次需要看某一本书时，都得找半天，有时书在书架上，有时书在书桌上，有时书在床上……他的衣服每次脱下来，都是随手一放，有时在客厅的沙发上，有时在餐桌的椅子上，有时在卧室的床上。这种状况搞得他心烦意乱，每次都得为找一个东西浪费很多时间。后来在妈妈的指导下，他对自己的房间进行了整理，并且坚持每天整理一次，他的房间再也不乱了。

整理能手做分析

这样选择的优点是＿＿＿＿＿＿＿＿＿＿＿＿＿＿＿＿＿＿＿

我的建议是＿＿＿＿＿＿＿＿＿＿＿＿＿＿＿＿＿＿＿＿＿＿

原因是＿＿＿＿＿＿＿＿＿＿＿＿＿＿＿＿＿＿＿＿＿＿＿＿

王文涛是五年级的小学生，他的朋友可多了。他努力和所有的朋友都保持良好的关系，尽可能地与他们共同学习、共同玩耍。渐渐地，他发现有一个朋友喜欢说脏话，还特别喜欢动手打人，就连朋友也照骂不误，照打不误，大家都不喜欢跟他在一起玩了。作为朋友，王文涛好言相劝，但最终没有改变他的坏习惯。他还有一个朋友，上课听讲特别认真，回答问题很积极，作业书写总是很漂亮，成绩一直名列前茅，是大家都喜欢的风云人物。王文涛决定整理一下自己的朋友圈，多与优秀的小伙伴在一起，对屡教不改的坏朋友少交往。

整理能手做分析

这样选择的优点是＿＿＿＿＿＿＿＿＿＿＿＿＿＿＿＿＿＿＿

我的建议是＿＿＿＿＿＿＿＿＿＿＿＿＿＿＿＿＿＿＿＿＿＿

原因是＿＿＿＿＿＿＿＿＿＿＿＿＿＿＿＿＿＿＿＿＿＿＿＿

顾轩墨是初中二年级的学生，随着学习科目的增多，他学习所用的时间也越来越多。他经常晚上很晚才能睡觉，第二天早晨按时起床非常困难。长时间这样，他的身体都要受不了了。可是他的同学却能做到晚上早早睡觉，早晨按时起床。经过交流，他发现，原来是自己对时间的使用太不科学了，需要整理一下自己的时间。他把零碎的时间用来干零碎的事情，把较长的时间用来专心做事，尽量不做或者少做一些无意义的事情。这样他的时间也渐渐充足起来了，终于可以按时休息了。

整理能手做分析

这样选择的优点是＿＿＿＿＿＿＿＿＿＿＿＿＿＿＿＿＿＿

我的建议是＿＿＿＿＿＿＿＿＿＿＿＿＿＿＿＿＿＿＿＿＿

原因是＿＿＿＿＿＿＿＿＿＿＿＿＿＿＿＿＿＿＿＿＿＿＿

■爱整理，会生活

学会舍弃＋物品回位＋固定位置＋每天整理＝生活整理能力

学会舍弃，是我们整理的第一步。 房间里的物品越多，就越要花时间去管理，用更多的空间去盛放它们。因此我们应该定期进行整理，把物品的数量控制在合理的范围内。在整理的过程中，我们经常会发现，有些物品需要处理掉，但是又不舍得，认为"扔掉＝浪费"。这时，我们就会对自己说："还是留着吧，说不定哪天会用到……"最终，应该舍弃的物品占据了房间的大量空间。可事实上，绝大多数情况下，用到这些物品的概率很小，甚至到你把这个物品忘掉也不会用到。其实当你在犹豫是否舍弃时，一定是这个物品让你有了不满意的地方。万一哪天真的需要用到，那就重新买一件能够满足你要求的新物品吧。

　　用过的物品放回原位，是我们整理的关键。 当大家打开自己的家门，有没有看到随手扔在沙发上的衣服？有没有看了一半的图书放在沙发或者餐桌上？有没有鞋子这里一只，那里一只？很多小伙伴都喜欢把物品随手放在鞋柜、沙发、餐桌这样的地方。当时只是想暂时放一下，有时间了再来整理，可是不知不觉那里就成了一个固定位置。摆在这些位置的物品一多，房间就会显得凌乱。因此，小伙伴们一定要及时把散放在外面的物品收回相应的地方，这样房间就会整齐起来。

　　给物品一个固定的位置，是我们整理的基础。 小伙伴们有没有这样的感觉，当我们需要使用某个物品时，即使它被放在卧室的某个角落，你也愿意跑过去拿。但是，当你用完了它，到了要整理的时候，你就懒得再放回卧室了。于是，它就被随手放在了其他地方。所以，物品的固定位置，一定要尽可能靠近它的使用地点。在书房用的物品就放在书房，在客厅用的物品就放在客厅，在卧室用的物品就放在卧室……一定要注意，固定位置只能选择一个，要是有好几处，想找它的时候就不好找啦。

　　每天至少整理一次，是让我们轻松整理的好办法。 当小伙伴们舍弃了多余的物品，把有用的物品安放在固定的位置之后，房间就整洁了。但是，这种状态能维持多久呢？我们在学习与生活的过程中就是要不断地取出物品、使用物品，因此必须不断地去整理。否则用不了几天，房间就会再次回到凌乱不堪的状态。使用完物品接着放回原处，是最省时省力的办法。但有时候，我们实在没有时间收拾东西。遇到这种情况时，一定要在一天中挤出一点时间来整理当天使用过的物品。只要明确各个物品的固定位置，整理当天使用过的物品，只需要很短的一点点时间。

小试牛刀

下面是几个小伙伴在整理物品时使用的方法，结合上面的提示，请你来给点建议吧。

王墨轩是三年级的小学生。妈妈对他的评价是：太会过日子了，啥都不舍得扔。他说：所有的物品都是妈妈辛苦赚钱买来的，扔掉不就浪费了吗？如果不扔，说不定哪一天还能用到呢。于是，很多物品从幼儿园开始留到了三年级，他一次也没有用过，却占据了房间大部分空间。随着时间的推移，有些物品已经实在无法再次使用了，他才依依不舍地扔掉。妈妈告诉他：在整理房间时，要学会清理掉那些肯定不会再使用的物品。这样可以大大节省整理的时间，提高房间的空间使用率。

整理能手做分析

这样选择的优点是＿＿＿＿＿＿＿＿＿＿＿＿＿＿＿＿＿＿＿

我的建议是＿＿＿＿＿＿＿＿＿＿＿＿＿＿＿＿＿＿＿＿＿＿

原因是＿＿＿＿＿＿＿＿＿＿＿＿＿＿＿＿＿＿＿＿＿＿＿＿

孟飞雪是二年级的小学生，她的东西从来都是随手一放，使用时再满世界地去找。打开她的房门，迎面就是一只鞋横在地板

上，另一只却不知去向，床上躺着她的打开的书包，书桌上放着脱下来的衣服，书柜上放着她的文具盒，衣架下面还有玩具……看到这凌乱的房间，谁能想到这是才整理完两天的房间？妈妈终于忍不住，火山爆发了，盯着她把物品都放回原处，于是房间马上变得干净整洁了。

整理能手做分析

这样选择的优点是＿＿＿＿＿＿＿＿＿＿＿＿＿＿＿＿＿＿

我的建议是＿＿＿＿＿＿＿＿＿＿＿＿＿＿＿＿＿＿＿＿＿

原因是＿＿＿＿＿＿＿＿＿＿＿＿＿＿＿＿＿＿＿＿＿＿＿

苏玲玲是四年级的小学生。最近，她在考虑自己的新水杯到底应该固定放在什么位置，是放在餐桌上方便吃饭时喝水，还是放在客厅茶几上方便接水，或者是放在自己房间的书桌上，方便学习时使用。最终，她选择了放在自己的书桌上。因为她在书桌前学习时，使用水杯的次数是最多的。她就是这样喜欢把东西放在固定的位置。每次需要使用某个物品时，她总能第一时间说出它在哪里，并能以最快的速度拿出来使用。她最讨厌的就是弟弟乱动她的东西，因为弟弟拿过的东西，经常就不放在原处了，她找起来特别麻烦。

整理能手做分析

这样选择的优点是＿＿＿＿＿＿＿＿＿＿＿＿＿＿＿＿＿＿

我的建议是＿＿＿＿＿＿＿＿＿＿＿＿＿＿＿＿＿＿＿＿＿

原因是＿＿＿＿＿＿＿＿＿＿＿＿＿＿＿＿＿＿＿＿＿＿＿

王佳琪是初中二年级的学生。她的学习任务很重，经常累得不愿意整理自己的房间。一天不整理还好，当她连续几天不整理时，经常发现房间里已经很乱了，不仅严重影响了自己的学习，还得花费较长时间来进行整理。痛定思痛，她决定，不管每天学习到多晚，都要坚持把房间整理一下，把用过的物品放回原处。她发现，每天整理用的时间很短，比之前反而减少了整理时间。而且，每天写完作业整理房间时，能让自己的头脑放松下来，更容易入睡。

整理能手做分析

这样选择的优点是 _____

我的建议是 _____

原因是 _____

■我们的生活需要整理

整理可以让我们的生活更便捷，提高我们对时间的使用效率。有人说，把时间浪费在找东西上是最低效率的时间使用方式。假设我们每天要找 5 个东西，每个东西只用 2 分钟，那一天就需要找 10 分钟的东西，十天就是 100 分钟，一个月就是 300 分钟，一年就是 3600 分钟，这可是整整 60 个小时啊！如何改变经常找不到物品的现状呢？那就是我们提前把东西整理好，在需要寻找时就会非常便捷，也就不会在找东西上浪费宝贵的时间，从而可以全身心地投入学习，提高时间的使用效率。

整理可以帮我们养成良好的行为习惯，让我们的生活更健康。人们每天都在取出物品，使用物品，接着就是整理物品。完成一次整理很简单，谁都可以轻松做到。但是如果每次用完物品，都能把它放回原处，或者每天都能抽出固定的时间来整理房间，又有几个人能做到呢？如果你能做到，那么恭喜你，你已经

具备了整理的好习惯。行为养成习惯，习惯形成性格，性格决定命运，世界上最可怕的力量是习惯，世界上最宝贵的财富也是习惯。通过坚持整理，你可以轻松拥有这个受益终身的好习惯。

整理可以使我们心情愉悦，让心理更健康。 干净整洁的房间能够让小伙伴们放松身心。人是一种特别容易被环境影响的生物，书桌杂乱，书柜凌乱，遍地垃圾，墙上满是涂鸦……生活在这样的环境中，怎么可能放松？有些人懒得整理，反复给自己洗脑："我喜欢乱的房间。"时间长了，就信以为真了。可是当他们找不到东西的时候，就不会这样想了。他们会异常烦躁，在找到那个东西之前，不停地思索："我到底把它放在哪里了？"如果能够找到还好，如果在最需要的时候找不到，就会产生焦虑的情绪。长此以往，这种负面情绪会一直伴随着我们，不管干什么都无法集中精力。

整理可以帮助我们明确是否真正需要购买物品，让我们的钱财使用更合理。 不整理房间，就容易找不到东西，就会认为自己没有这样东西，然后再买一个新的回来。事实上却是，那个东西正默默地躺在某个被我们遗忘的角落里。你说，这算不算浪费钱财？只要把房间整理好了，我们就可以知道自己现在有什么，需要什么。没有用的东西，再好看，也得压下心中的躁动，不要冲动购物。

小试牛刀

下面是几个小伙伴在学习与生活中的现状，结合上面的提示，请你说一说他们需要整理吗。你来给点建议吧。

刘宸铭是二年级的学生，平时不注意整理房间，房间里的物品很零乱。每次学习时，他都不得不先把书桌清理出学习的空间。

在写字时，不是找不到本子，就是找不到铅笔、橡皮。每次都要花大量的时间去找这个、找那个，每次写完作业都很晚了。妈妈看到后告诉他，平时一定要把物品及时整理好。这样学习时，需要什么马上就能拿到，既能减少时间的浪费，又能提高时间使用效率，还能让我们的学习生活更便捷。在妈妈的指导下，他养成了整理的好习惯，他的学习效率也提高了许多。

整理能手做分析

这样选择的优点是＿＿＿＿＿＿＿＿＿＿＿＿＿＿＿＿＿＿

我的建议是＿＿＿＿＿＿＿＿＿＿＿＿＿＿＿＿＿＿＿＿＿

原因是＿＿＿＿＿＿＿＿＿＿＿＿＿＿＿＿＿＿＿＿＿＿＿

马振强是五年级的学生。他之前是一个不爱整理的小男孩，每天都处在一种找东西的状态中。老师批评他，同学们笑话他，就连妈妈也整天不给他好脸色。为了摆脱这种境地，他下决心改掉懒散的行为习惯，每次用完物品都及时放回原处，每天抽出一点儿时间来整理房间。坚持一段时间以后，他发现用完物品随手放回原处是一件很自然的事情。这样一来他每天固定整理房间的时间也越来越短。他脱离了"找找找"的状态，进入了一种触手可及的状态，永远知道什么东西在什么地方。爱整理的好习惯让他在大家眼中的形象重新闪亮起来。

整理能手做分析

这样选择的优点是＿＿＿＿＿＿＿＿＿＿＿＿＿＿＿＿＿＿

我的建议是＿＿＿＿＿＿＿＿＿＿＿＿＿＿＿＿＿＿＿＿＿

原因是＿＿＿＿＿＿＿＿＿＿＿＿＿＿＿＿＿＿＿＿＿＿＿

张晨旭是四年级的小学生。他的脾气变得越来越暴躁，因为每次在他需要某样东西的时候，都需要去找，有时还得找好久。打开他的房门，可以看到一个凌乱的房间，书桌上摊满各种物品，连写作业的空间都没有。每次学习，都得先腾出一点儿空间来。需要写字时，经常发现文具盒找不到了，好不容易找到文具盒，里面的铅笔不是找不到，就是笔尖断了无法使用。终于开始写作业了，当他用橡皮时，又开始了"找找找"的模式，他的心情就这样变得越来越糟。后来在妈妈的指导下，他学会了整理房间，再学习时，需要什么伸手就能拿到，他再也不会为了找东西而烦躁生气了。

整理能手做分析

这样选择的优点是＿＿＿＿＿＿＿＿＿＿＿＿＿＿＿＿＿＿＿＿＿

我的建议是＿＿＿＿＿＿＿＿＿＿＿＿＿＿＿＿＿＿＿＿＿＿＿＿

原因是＿＿＿＿＿＿＿＿＿＿＿＿＿＿＿＿＿＿＿＿＿＿＿＿＿＿

侯琳琳是初中二年级的学生，她经常抱怨自己的零花钱太少，光买文具都不够用。可是同样多的零花钱，她的同桌还有剩余，这是为什么呢？原来她平时不整理自己的房间，各种物品随意摆放在房间内，需要使用时，找到哪个就用哪个，找不到就再去买，她的零花钱基本都花在这上面了。等到整理房间时，她却发现很多文具就安静地躺在某个角落。就这样，她同类的文具太多，造成了浪费。在妈妈的指导下，她终于明白了，整理不仅能让房间整洁，还能节省自己的开支。

整理能手做分析

这样选择的优点是＿＿＿＿＿＿＿＿＿＿＿＿＿＿＿＿＿＿＿＿＿

我的建议是＿＿＿＿＿＿＿＿＿＿＿＿＿＿＿＿＿＿＿＿＿＿＿＿

原因是＿＿＿＿＿＿＿＿＿＿＿＿＿＿＿＿＿＿＿＿＿＿＿＿＿＿

■我的新计划

2. 整理我的衣柜

　　每个小伙伴都向往有一个自己的专属衣柜，里面放满了自己心爱的衣物，排列得整整齐齐。遇到不同的场合时，可以随时拿出自己最喜爱的衣物，穿出去吸引小伙伴的目光，成为众人的焦点。

　　每个人的衣柜各不相同，有的大，有的小，有的带有长方形的抽屉，有的是正方形的格子橱。不同的衣柜，呈现给我们不一样的整理效果。

　　几位好朋友相约来到萱萱的家里，想看看她新买的几件漂亮

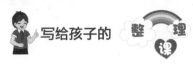

裙子。结果，萱萱呈现给她们的，不仅是漂亮的裙子，还有整齐的衣柜。

"天啊，萱萱，你的衣柜怎么这么整齐，这层橱子是上衣，这层是下衣，这层是套装，还有一个袜子收纳盒……"

"你是怎么做到的？我每天都得在找衣服上用大量的时间，不是上衣找不到，就是下衣找不到。好不容易找到了，配套的袜子又少了一只。为了这个，我抱怨我妈好多次了，为什么没给我把衣服准备好。"

"谁说不是呢，我上次要参加一个比赛，好不容易找到了我珍藏的演出服，可是拿出来一看，竟然没洗就收起来了，而且衣服上全都是褶子。这要穿出门去，别说参加比赛了，还不被同学们笑死呀！"

……

理想很丰满，现实很骨感。当我们拥有了向往已久的衣柜时，原本整整齐齐的衣柜，没过多久，竟然变得乱七八糟，想找到自己想要的衣服，再也不那么方便了，总是需要好久才能找到，有时候找到了，衣服已经褶皱得厉害，不能穿了。如果你碰到这样的情况，说明你需要学习一下怎样整理自己的衣柜啦。

■爱整理，会生活

精简衣柜＋按季节整理＋悬挂、叠放＋零碎物品整理＝衣柜整理能力

精简衣柜，是我们整理衣柜的基础。衣服的作用可真大，冬天的衣服能给我们带来温暖，夏天的衣服能帮我们抵抗太阳的暴晒，吸走身上的汗水。除此之外，衣服还能把小伙伴们装扮得更加好看，提升魅力指数。于是，不知不觉中，我们就攒下来许多衣物，把我们的衣橱塞得满满的。然后，问题就来了，当我们想要找一件衣服时，经常需要把整个衣柜翻一遍，最后总算找到了我们需要的衣服，可是我们的衣柜却更乱了。这时，你可能会想，如果衣柜里的衣物再少点儿就方便整理了。

那我们就把自己肯定不会再穿的衣物清理出去，把衣柜的空间变大一些。

大小不合适的衣服需要舍弃掉。随着小伙伴们不断长高长大，很多之前穿着非常合身的衣服已经穿不上了。再怎么好看的衣服，除了带给我们怀念之外，并不能再提升我们的魅力指数了。那就干脆一点，舍弃掉吧。

已经破损的衣服需要舍弃掉。破损的衣服，你还会穿出门去吗？再好看的衣服，不管因为什么原因，只要是破损了，小伙伴们都不会再次选择穿它出门。与其放在衣柜里占用空间，还不如清理掉算了。

贵而不舍的衣服，还是狠心清理掉吧。有些衣服，在购买时，可能价格非常贵，所以小伙伴会特别珍惜。可是，后来发现这件衣服不再像自己想象中那样能提升自己的魅力，便再也没有穿过它。处理掉，不舍得；保留着，也不会再穿。那还是狠心地处理掉吧。如果觉得浪费，可以把衣服送给亲朋好友。

衣服太多，一天一件也穿不过来，怎么办？那就把同款不同色的衣服进行一番清理吧。同一款式的衣服，我们大多数情况下，会优先选择其中的一件衣服来穿。另外一件衣服，则基本不

会再穿。如果你有这种情况，还是把不会再穿的那件衣服清理掉吧，不要再占用空间。

小试牛刀

下面是几个小伙伴在清理衣物时做出的选择，结合上面的提示，请你说一说他们做得对吗。你来给点建议吧。

高文墨是二年级的小学生。他有点儿调皮，经常在地上趴着、跪着，结果他的衣服总是早早地就烂了。烂了的衣服，他是再也不会穿了。因为他怕同学笑话。可是，衣服就这样扔掉，他又有点儿舍不得。于是，慢慢地，他的衣柜里有将近一半都是带着"伤疤"的衣服。每次找衣服时，他都得从众多"带伤"的衣服中寻找"健全"的衣服，浪费了很多宝贵的时间。后来在妈妈的指导下，他把有破损的衣服都处理掉了，衣柜顿时宽敞了许多，找衣服也方便多了。

整理能手做分析

这样选择的优点是＿＿＿＿＿＿＿＿＿＿＿＿＿＿＿＿＿＿＿

我的建议是＿＿＿＿＿＿＿＿＿＿＿＿＿＿＿＿＿＿＿＿＿

原因是＿＿＿＿＿＿＿＿＿＿＿＿＿＿＿＿＿＿＿＿＿＿＿

李子豪是四年级的学生。他非常节俭。他的衣服，只要是没有严重破损的，他都保留着。渐渐地，他的衣柜里，有一多半衣服都是他小时候穿的，而适合他现在穿的衣服却很少。满满一衣柜的衣服，也给他购买新衣服增添了心理压力。为了改变这种情况，他听从了妈妈的建议。他把穿不上的衣服进行了清理，送给亲朋好友一部分，捐赠了一部分，制作成手工一部分，改造成抹布一部分。这样，他对穿不上的衣服都进行了合理利用，也给衣柜腾出了空间。

整理能手做分析

这样选择的优点是＿＿＿＿＿＿＿＿＿＿＿＿＿＿＿＿＿＿＿

我的建议是＿＿＿＿＿＿＿＿＿＿＿＿＿＿＿＿＿＿＿＿＿

原因是＿＿＿＿＿＿＿＿＿＿＿＿＿＿＿＿＿＿＿＿＿＿＿

李紫涵是初中二年级的学生。她非常爱漂亮，家中的衣柜里装满了漂亮衣服。在一次外出购物时，她买了一件样式新潮的大衣。可是穿了几天之后，同学们都说这件衣服不好看，从此她再也没有穿过这件衣服。每当她整理衣柜看到这件大衣时，心中都隐隐有些不舒服。穿上吧，大家都说不好看。不穿吧，放在衣柜里也是浪费。妈妈看出了她的心事，告诉她：如果你确定不再穿了，还是送给亲戚吧，也许别人会喜欢的。不然留在衣柜里，等你再长大点儿，这件衣服也就穿不上了。那就真是浪费了。李紫涵终于下定决心，把衣服送给了表妹。

整理能手做分析

这样选择的优点是＿＿＿＿＿＿＿＿＿＿＿＿＿＿＿＿＿＿＿

我的建议是＿＿＿＿＿＿＿＿＿＿＿＿＿＿＿＿＿＿＿＿＿

原因是＿＿＿＿＿＿＿＿＿＿＿＿＿＿＿＿＿＿＿＿＿＿＿

按季节整理衣服，是我们整理衣柜的常用方法。四季的更替，带来了温度的变化，也带动了衣柜中衣服的流动。每当新的季节来临，小伙伴们都要买一些新衣服，所以衣柜里的衣服会慢慢变得越来越多，衣柜的空间随之越来越小。如果我们不按照一

定的规律去整理衣柜，衣柜就会变得越来越乱。最终会导致很多衣服藏在深深的角落里，需要时找不到。即便找出来了，也已经皱皱巴巴的没法穿了。

细心的小伙伴会发现，我们在一个季节穿的衣服，其实一共就那么几套。可是我们却经常需要在一大堆衣服中苦苦寻找。如果可以把衣服按照季节分类，哪个季节到来，我们就把哪个季节的衣服放到常用衣柜里，其他季节的衣服就收在不常用衣柜里，这样找衣服时会更方便。

在整理衣柜时，我们可以采用"123"原则来整理各个季节的衣服，意思是把衣柜的空间分成6份，其中1份空间用来盛放夏装，2份空间用来盛放春装和秋装，3份空间盛放冬装。

夏装一般比较轻薄，叠好以后，占用空间并不大，所以占用1份空间就可以。

春装和秋装，相比冬装来说比较轻薄，但又比夏装厚重，特别是外套、风衣等比较占空间，因此，一般需要预留2份空间。

冬装比较厚重，保暖内衣、羊绒衫、棉服、羽绒服等都会占用大量的衣柜空间，需要预留3份空间。

这样安排，各个季节的衣服都有各自的位置，穿衣时就方便多了。

小试牛刀

下面是几个小伙伴在整理衣柜中的衣物时做出的分类，结合上面的提示，请你说一说他们做得对吗。你来给点建议吧。

梅子雯是二年级的小学生。她非常喜欢漂亮衣服。每当换季时，她都会让妈妈给她买新衣服。慢慢地，她衣柜里满满地都是衣服，然后她最头疼的事情来了。每当妈妈让她去找某件衣服时，她都得把衣柜翻个底朝天，才能找到需要的衣服。妈妈告诉她，衣柜里的衣服，不能随意堆在里面，要按照季节分好类。需要找衣服时，在相应的区域里找会快很多。她在妈妈的指导下，把衣柜里的衣服按季节分好类，分别放在不同的区域，果然找衣服变快了。

整理能手做分析

这样选择的优点是＿＿＿＿＿＿＿＿＿＿＿＿＿＿＿＿＿＿＿＿＿

我的建议是＿＿＿＿＿＿＿＿＿＿＿＿＿＿＿＿＿＿＿＿＿＿＿＿＿

原因是＿＿＿＿＿＿＿＿＿＿＿＿＿＿＿＿＿＿＿＿＿＿＿＿＿＿＿

陆子豪是五年级的小学生，他的衣柜是六层的大衣柜，非常气派。他把自己喜爱的衣服放在了中间的两层，因为这两层取用非常的方便。可是，当他需要找衣服时，他经常需要在各层中寻找，很耽误时间。妈妈告诉他，衣服要按照季节分类，要把当季的衣服放在最方便取用的地方。不是当季的衣服，因为不常穿，可以放在最上面或者最下面的两层。他按照妈妈的话去做，果然找衣服快多了，而且也非常顺手。

整理能手做分析

这样选择的优点是＿＿＿＿＿＿＿＿＿＿＿＿＿＿＿＿＿＿＿＿＿

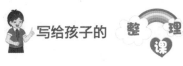
我的建议是＿＿＿＿＿＿＿＿＿＿＿＿＿＿＿＿＿＿＿＿＿＿

原因是＿＿＿＿＿＿＿＿＿＿＿＿＿＿＿＿＿＿＿＿＿＿＿＿＿

方成瑞是初中二年级的学生。他自认为是一个很会整理的人，他的衣柜整整齐齐，上衣一层、下衣一层、大衣一层、内衣一层，看起来分类很合理。可是在真正需要找衣服时，他经常得把一层的衣服翻找半天才能找到需要的衣服，然后还得再花大量的时间去整理。妈妈告诉他，当季的衣服要放在最常取用的位置。于是，他把当季的衣服放在了各层衣服的最上面，再找起来，果然方便多了。

整理能手做分析

这样选择的优点是＿＿＿＿＿＿＿＿＿＿＿＿＿＿＿＿＿＿＿

我的建议是＿＿＿＿＿＿＿＿＿＿＿＿＿＿＿＿＿＿＿＿＿＿

原因是＿＿＿＿＿＿＿＿＿＿＿＿＿＿＿＿＿＿＿＿＿＿＿＿＿

悬挂与叠放，是整理衣柜的主要方法。我们的衣服是由不同的面料制作的。不同面料的衣服带给我们不同的感受，也带来不同的外观效果。形形色色的衣服，可以让我们不断地变换各种风格气质。不同的面料，需要不同的整理方法。我们在整理衣柜中的物品时，主要有两种方法——叠与挂。把衣服叠起来，可以节省衣柜的空间，让有限的空间存放更多的衣服。把衣服挂起来，就能对所有的衣服一目了然，而且衣服也不会变皱。

棉是大家最常见的面料之一。它给人的触感很好，吸湿性强，透气性好，干得也快，还方便清洗。由于它来自棉花，被人称为天然材料，环保卫生，因此是贴身衣服面料的首选。棉质的衣服可以叠起来存放，能节省很大空间。

丝光棉，又叫冰丝棉，是极品的纯棉面料。这种材质的衣服，手感好，穿着舒适，而且很光滑，不易起皱，透气性强，长期穿着也不变形。这种衣服，价格一般比较贵，可以叠放，但不要压在下面，最好是悬挂起来。

　　皮草是另一种大家喜欢的面料。它保温效果好，用手摸上去，触感很好，所以它是很多冬装的选择。皮毛制品的衣服，一般都怕水，因为遇水后，皮毛大衣会变小很多。因此皮毛的衣物，尽量送去干洗。皮草衣服，一般都是外衣，即使叠起来也会占用较大空间，可以采用悬挂摆放的方式进行整理收纳。

小试牛刀

　　下面是几个小伙伴在整理衣柜中的衣物时采用的方法，结合上面的提示，请你说一说他们做得对吗。你来给点建议吧。

　　苏依依是二年级的小学生。她的漂亮衣服可多了，遍布家中各处，衣柜里有，床上有，沙发上有，学习桌上有……妈妈实在看不下去了，让她把自己的衣服都整理到衣柜里，不然就把衣柜外面的衣服统统扔掉。苏依依吓得赶紧把衣服都塞进了衣柜里。可是妈妈仍然不满意，告诉她，有些衣服要叠起来，有些衣服要挂起来，不能随便塞进去就算完成任务。在妈妈的指导下，她把衣服按照面料，有的叠好放入衣柜中，有的挂起来，看起来果然整齐多了。

整理能手做分析

这样选择的优点是＿＿＿＿＿＿＿＿＿＿＿＿＿＿＿＿＿＿＿＿＿＿

我的建议是＿＿＿＿＿＿＿＿＿＿＿＿＿＿＿＿＿＿＿＿＿＿＿＿＿＿

原因是＿＿＿＿＿＿＿＿＿＿＿＿＿＿＿＿＿＿＿＿＿＿＿＿＿＿＿＿

　　张春鹏是四年级的小学生。他是一个爱整理的孩子，他把自己的衣柜整理得整整齐齐。可是，每当需要找衣服时，他不管怎么小心，都会把衣服弄乱，还得花费大量的时间再次整理衣柜。他为此苦恼不已。一个偶然的机会，他发现原来还有叠衣板这样的"神器"存在，不但能让他叠衣服的速度加快，还能把衣服叠得整整齐齐。最关键的是，叠完以后，衣服夹在板子里，翻找衣服时，再也不会弄乱衣柜了。于是，他购买了一些叠衣板，对自己的衣柜进行了改造升级，果然方便多了。

整理能手做分析

这样选择的优点是＿＿＿＿＿＿＿＿＿＿＿＿＿＿＿＿＿＿＿＿＿

我的建议是＿＿＿＿＿＿＿＿＿＿＿＿＿＿＿＿＿＿＿＿＿＿＿＿＿＿

原因是＿＿＿＿＿＿＿＿＿＿＿＿＿＿＿＿＿＿＿＿＿＿＿＿＿＿＿＿

　　孙静霞是六年级的学生。她在一次去同学家参观了同学的衣柜之后，发现衣服挂起来实在是太方便了，所有的衣服都一目了然，想穿哪件就拿哪件。于是，她把自己的衣服全都用衣架挂了起来。可是，自己的衣柜就那么大，需要挂的衣服太多了。挂不开，怎么办呢？她想到了在超市里看到的九孔魔术衣架，把魔术衣架竖着挂起来，每个孔都可以再悬挂一个普通衣架，这样就可以在一件衣服的空间悬挂九件衣服啦。如果两个九孔魔术衣架横着叠加悬挂，也可以把空间扩大一倍。她二话不说，拿着自己的零花钱就去买了几个魔术衣架，对自己的衣柜进行了重新整理。妈妈看到了直夸她的脑子灵活。

整理能手做分析

这样选择的优点是＿＿＿＿＿＿＿＿＿＿＿＿＿＿＿＿＿＿＿＿＿

我的建议是＿＿＿＿＿＿＿＿＿＿＿＿＿＿＿＿＿＿＿＿＿＿＿

原因是＿＿＿＿＿＿＿＿＿＿＿＿＿＿＿＿＿＿＿＿＿＿＿＿＿

小零碎的物品，给它们找一个单独的家，是整理衣柜的一个小窍门。不管是谁的衣柜，总会有各种各样的小零碎物品，比如腰带、袜子、内衣等。这些物品都不大，但数量众多，会占用大量的空间。如果给它们找一个单独的家——收纳盒，每个物品都有自己的位置，再把它们的家合理摆放，那么衣柜看起来就不那么乱，不那么满啦。收纳盒有的是平铺摆放的，有的是挂在一侧的，我们可以根据自己的需要选择使用。

这些小零碎的物品主要分为两类，一类是常用的，一类是不常用的。

如手套、围巾这些小物品，只在深秋和冬天时会使用，其他时间基本不用。当我们不常用时，可以把它们放在收纳盒中，置于底层。当来年需要使用时，再放到上层来。

内衣、袜子、腰带、红领巾等，这些物品虽然零碎，但是我们常用的。我们在收纳时，要把它们放在方便取用的位置。每个物品都有一个自己的小空间，整理起来就方便多了。在分类时，尽量将同类的物品放在一起，这样只需要记住几个大类的位置，就方便寻找需要的物品了。

小试牛刀

下面是几个小伙伴在整理衣柜中的小零碎物品时使用的方法，结合上面的提示，请你说一说他们做得对吗。你来给点建议吧。

梅淑芳是一年级的小学生，妈妈从小就培养她的整理能力。她在妈妈的指导下，已经学会把衣柜中的物品都放在固定的位

置，就连最让她头疼的各种小零碎物品，也专门用两层的空间进行摆放。妈妈看到后告诉她，这些小零碎的物品，可以尝试使用收纳盒来进行整理。由于一年级需要的物品并不多，用一个平放的 40 格收纳盒就足够了。于是，她把占用两层空间的小零碎都放在了一个收纳盒中，节省了大量的空间。

整理能手做分析

这样选择的优点是＿＿＿＿＿＿＿＿＿＿＿＿＿＿＿＿＿＿＿＿＿＿

我的建议是＿＿＿＿＿＿＿＿＿＿＿＿＿＿＿＿＿＿＿＿＿＿＿＿＿＿

原因是＿＿＿＿＿＿＿＿＿＿＿＿＿＿＿＿＿＿＿＿＿＿＿＿＿＿＿＿

冯雅琪是三年级的学生。她在整理衣柜中的小零碎物品时，用了两个大的收纳盒。每个收纳盒中都放满了各种小物品。每当需要时，她都得从这些小格中一个一个地寻找。她觉得这样虽然节省了空间，但是使用起来并不方便。妈妈知道后告诉她，收纳盒包含很多个小格子，我们使用时，要把这些小格子再次分类，把同类物品放在一起。于是，她把收纳盒进行了划分，内衣放在前两行的格子里，袜子放在后两行的格子里，腰带和红领巾的数量最少，只在边上给留了几个格子。果然，这样整理以后，更加方便了。

整理能手做分析

这样选择的优点是＿＿＿＿＿＿＿＿＿＿＿＿＿＿＿＿＿＿＿＿＿＿

我的建议是＿＿＿＿＿＿＿＿＿＿＿＿＿＿＿＿＿＿＿＿＿＿＿＿＿＿

原因是＿＿＿＿＿＿＿＿＿＿＿＿＿＿＿＿＿＿＿＿＿＿＿＿＿＿＿＿

冯艳艳是初中二年级的学生。她在整理小零碎物品时，经常花费大量时间。由于她的衣服比较多，配套的袜子、内衣数量也多，于是她用收纳盒进行整理。她的袜子一个收纳盒，内衣一个收纳盒，其他零碎物品一个收纳盒，可是即使这样衣柜里仍然是满满的。一天，她突发奇想，把其中一个内衣的收纳盒立了起来，粘在了衣柜的一侧。这样收纳盒里的物品一目了然，还有效利用了空间，也方便寻找物品。她把自己的创意改造告诉了妈妈，妈妈夸她脑子灵活，善于创新。

整理能手做分析

这样选择的优点是＿＿＿＿＿＿＿＿＿＿＿＿＿＿＿＿＿＿＿＿

我的建议是＿＿＿＿＿＿＿＿＿＿＿＿＿＿＿＿＿＿＿＿＿＿＿＿

原因是＿＿＿＿＿＿＿＿＿＿＿＿＿＿＿＿＿＿＿＿＿＿＿＿＿＿

■我的新计划

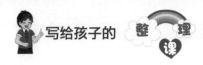
3. 家务整理搭把手

　　每个小伙伴都希望自己在家里是一个人见人爱、花见花开的宝贝，那你可得展示一下你的家务整理能力啦。在家里，家务活儿可不应该都由父母来做，只不过在大多数情况下他们都没有让孩子做罢了。你承担过家里的家务吗？你想过自己要承担一部分家务吗？

　　家务整理包含许多内容，最简单的就是扫地、拖地、擦桌子、刷碗。这些你都擅长吗？你整理家务的水平可是会影响父母对你的评价呢。

　　几位好朋友在超市的清洁用品区碰面了。大家一边选购清洁用品，一边闲聊。

　　"我是来买新笤帚的。我包揽了家里的各种家务，我得给自己挑选一些质量好的工具，让自己也能轻松点儿……"

　　"你好棒啊。让你一说，我都不好意思了。我在家里基本就没有帮过忙，反而给家里添了不少乱。经常是妈妈刚扫了地，我就随手扔了垃圾。妈妈刚拖完地，我就把地踩脏了。为此我们吵了好多次。"

　　"我倒是给家里帮过忙，可是扫得太慢，而且扫不干净。最后地上的一小撮垃圾总是收不起来，还得请老妈出马。上次我给家里刷碗，还摔了一个碗。我是心有余而力不足啊。就我这做家务的能力，我老妈能直接气晕了。"

……

家务劳动是每个人都应该承担的一份家庭责任。有的小伙伴在学校总是抢着打扫卫生，期待得到老师的表扬。可是到了家里，他们马上变身成"小皇帝""小公主"，啥也不干，还净添乱。小伙伴，你在家里是给父母添乱的"混世魔王"，还是努力给父母分担家务的"小帮手"？如果你能给父母搭把手，说明你已经具备了初步的家务整理能力啦。这会提高周围的人对你的评价。

■爱整理，会生活

扫地 + 拖地 + 刷餐具 + 整理桌子 = 家务整理能力

扫地，是家务整理中最轻松的一项。我们家中的地板上经常会落有一些灰尘，这是很常见的事情。有风吹过时，空中就会飘起灰尘，影响人的身体健康。而我们经常在家里走动，灰尘更是到处都是，而且地面常常会有一些掉落的头发、食物残渣等垃圾。如果不及时清理，也会影响家人的身体健康。因此，我们不应该只在看到地上有很多垃圾时才开始清扫，而是要养成按时清扫的好习惯。

笤帚的摆放位置很重要。首先，笤帚不能放在门后的角落里。因为笤帚是用来扫地的，上面难免会有一些细菌和脏物，门缝有风吹过时，这些细菌和脏物就会被带到家中各处，很不卫生。其次，笤帚不能放在客厅里。客厅是招待客人的地方，来来往往的人很多。把笤帚放在客厅，不但影响美观，还会把细菌带到家

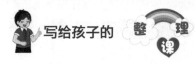

中各处。再次，笤帚不要放在厨房里。因为厨房是做饭的地方，笤帚上的细菌会随着大家的脚步飞到空中，很容易飘落到饭菜中，很不卫生。最后，不能把笤帚放在卫生间。卫生间比较潮湿，特别容易让笤帚滋生细菌，影响家人的健康。那笤帚放在哪里比较好呢？建议大家放在阳台上，因为阳台干燥，通风，不利于细菌的滋生，也不会被吹到家中各处。

扫地时，小伙伴要尽量从外向里扫。这是因为扫到门边时，门缝里的风会把好容易扫好的垃圾吹散，让小伙伴多浪费一些时间，而且容易把一些细小的灰尘吹到角落中，不容易扫干净。因此，小伙伴要从外向内扫，边边角角不要落下，最后将垃圾堆在房屋中间收起来。

扫地也是有小窍门的。其中，头发和灰尘是最难清扫的。大家可以找一个塑料袋套在笤帚上，再拿一段宽的胶带，一半粘在笤帚末端，另一半悬空。这样在扫地时，地面上的头发和灰尘就被粘在胶带上了。扫完以后，把塑料袋反过来，扎好口，就可以啦。

小试牛刀

下面是几个小伙伴清扫地面垃圾的几种方式。结合上面的提示，你来给点建议吧。

高晓佳上小学一年级了。为了在班级中表现突出，赢得老师和同学们的赞赏，她决定好好学习一下怎么扫地。这个周末，她做完作业后就拿起笤帚从脚下开始扫，所有的边边角角她都认真地清扫干净。慢慢地，她把屋里的垃圾都扫到了门边，准备收起来。这时，从门缝里吹过一阵风，垃圾被吹散了。于是她重新把垃圾收拢起来。当垃圾收到一半时，又一阵风吹过，她只好再次收拢垃圾。妈妈看到了，告诉她：扫地要从外向内扫，这样就不会出现刚才的情况了。于是，她改变了扫地的策略，很快就将垃圾收进了垃圾桶。

整理能手做分析

这样选择的优点是＿＿＿＿＿＿＿＿＿＿＿＿＿＿＿＿＿＿＿

我的建议是＿＿＿＿＿＿＿＿＿＿＿＿＿＿＿＿＿＿＿＿＿＿＿＿

原因是＿＿＿＿＿＿＿＿＿＿＿＿＿＿＿＿＿＿＿＿＿＿＿＿＿＿＿

马君豪是四年级的小学生。一天，班主任老师在课堂上做了一个小调查，问各位同学家中的笤帚都放在什么位置。调查结果是：放在门后面的 11 人，放在厨房的 14 人，放在卫生间的 5 人，放在客厅的 4 人，放在阳台的 8 人。班主任向班里的同学们介绍了笤帚放在各处的利弊，让大家回去再给笤帚选择一个合适的家。马君豪回到家中后，马上把厨房的笤帚拿到了阳台上。

整理能手做分析

这样选择的优点是＿＿＿＿＿＿＿＿＿＿＿＿＿＿＿＿＿＿＿

我的建议是＿＿＿＿＿＿＿＿＿＿＿＿＿＿＿＿＿＿＿＿＿＿＿＿

原因是＿＿＿＿＿＿＿＿＿＿＿＿＿＿＿＿＿＿＿＿＿＿＿＿＿＿＿

林晓璐是初中二年级的学生。她是一个懂事的好学生，经常帮助家里做一些力所能及的家务。她发现一个问题，笤帚末端总是粘上一些头发，用手直接拿下来太脏，总得借助一些工具。她想改进一下家中的笤帚。于是，她给笤帚穿上了一件塑料袋外衣，在塑料袋上又粘上了两行双面胶，这样扫地时，头发都被粘在了双面胶上。扫完后，把塑料袋反过来，双面胶上粘的头发和灰尘都在塑料袋里了。

整理能手做分析

这样选择的优点是＿＿＿＿＿＿＿＿＿＿＿＿＿＿＿＿

我的建议是＿＿＿＿＿＿＿＿＿＿＿＿＿＿＿＿＿＿＿＿

原因是＿＿＿＿＿＿＿＿＿＿＿＿＿＿＿＿＿＿＿＿＿＿

拖地，是我们在做家务整理时，经常在扫地之后做的事。扫完地，虽然可以看见的大大小小的垃圾被收走了，但地面上还是有一些我们看不到的灰尘。它们会随风而动，影响我们的健康。还有一些污渍，仅仅用扫帚是扫不下来的。这时，就需要用湿的拖布来把地面拖干净。

市面上的拖把种类有很多。学校里常用的是布条类拖把，吸水量大，在家中较少使用。家中大多使用海绵类拖把，或者旋转脱水的拖把。这两种拖把脱水方便，拖完地很快就干，很受大家的喜爱。

当拖把不用时，应该放在哪里呢？大多数人都会把拖把放在卫生间，而且是靠近水管的位置，因为这样使用方便。但是，卫生间比较潮湿，又不通风，容易滋生细菌，而且拖把长时间湿润的话会产生异味。拖把不使用时，不要长时间在水中浸泡，而应该放在通风的地方晾干。因此，阳台是最适合的地方。

使用拖把时，不要带着过多的水去拖地，不然拖完后好久才能干。海绵拖把可以先用夹子挤出多余的水分，旋转脱水的拖把可以多转一会儿甩干水分，然后再拖地。

小伙伴们要记住，拖地时，先拖客厅后拖厨房，避免把厨房的油污带到家中各处。而且在拖地时，要倒退着拖地，这样就不会把拖干净的地面再次踩脏啦。拖完地，要把拖把涮干净后放回阳台。

小试牛刀

下面是几个小伙伴在拖地时出现的一些状况，结合上面的提示，你来给点建议吧。

林俊轩上小学一年级了。他觉得自己已经长大了，要做父母的小帮手，就主动承担家里的部分家务。他承包了家中的拖地任务。他从阳台上拿出拖把开始拖地，拖完地之后，又把拖把涮干净。准备放回阳台时，他感觉有点儿累了，就把拖把放在了卫生间。他发现自己太聪明了，把拖把放在卫生间，每次使用时都特别方便。可是没过几天，他拖完地后，家中到处都有一股怪味。妈妈告诉他，这是因为拖把放在卫生间太过潮湿，有些霉菌在拖把上大量繁殖，于是产生了怪味儿。

整理能手做分析

这样选择的优点是＿＿＿＿＿＿＿＿＿＿＿＿＿＿＿＿＿＿＿＿＿

我的建议是＿＿＿＿＿＿＿＿＿＿＿＿＿＿＿＿＿＿＿＿＿＿＿＿＿

原因是＿＿＿＿＿＿＿＿＿＿＿＿＿＿＿＿＿＿＿＿＿＿＿＿＿＿＿

岳小叶是小学三年级的学生。妈妈总是说她在学校啥都干，在家里懒成虫。于是，她决定承担家里的一项家务——拖地，以实际行动证明自己在家也是一个好孩子。她像在学校一样，把海绵拖把涮干净后，就开始拖地了。拖完地，地面很干净，可是地面上看起来水汪汪的，好久都没有干。家人在等待地面变干的过程中，都坐在自己的位置上不能乱动。妈妈告诉她，家里和学校不同，学校里都是在同学们放学回家后再拖地，地面有水也不要紧。一晚上的时间地面肯定能够变干。在家里，要把拖把的水挤干，这样拖完地后地面能够尽快变干，不影响家人活动。

整理能手做分析

这样选择的优点是_____

我的建议是_____

原因是_____

韩琳琳是初中二年级的学生。一天做饭时，她不小心把一些菜汤洒在了地上。她一做完饭就拿过拖把，把厨房里里外外都拖了一遍，看着干净的地面，她很有成就感。看到客厅和餐厅地面有点儿污渍，她就顺便把客厅和餐厅都拖了。拖完之后，地面倒是干净了，可她总能闻到一股厨房的味道在客厅弥漫。妈妈告诉她，拖地时，都是先拖客厅，然后是餐厅，最后才是厨房，这样能够避免厨房的味道被拖把带到家中各处。

整理能手做分析

这样选择的优点是_____

我的建议是_____

原因是_____

刷餐具，是小伙伴经常参与的家务劳动。我们一日三餐都要用到餐具，餐具的洁净程度直接影响到我们的身体健康。小伙伴们，你家的餐具是每次吃完饭就刷，还是等到晚上一起刷，或者是等到做饭时，发现没餐具可用了，才开始刷呢？如果不是每次吃完饭就刷，那说明你父母每天的工作都很劳累，已经没有足够的精力再去刷餐具了。这时候，就是你搭把手的时刻啦！

家中常用的餐具大多是陶瓷制品，使用方便，但是属于易碎品，一旦破碎，很容易划破手，小伙伴在清洗时，一定要特别注意安全。

刷餐具时，要选择合适的工具。常用的工具有钢丝球、百洁布、丝瓜瓤。钢丝球在清理一些粘在餐具上的食物残渣时，非常给力。百洁布，在清洁附着在餐具表面上的油渍时，加上一点儿洗洁精，清理起来非常方便。丝瓜瓤是纯天然、不添加任何化学成分的工具，它在清洁轻微油渍时，连洗洁精都不用，就可以刷得很干净。当油污比较重时，添加一点洗洁精，它会刷得更干净。

刷完的餐具，不要随手摆在厨房的台面上，要及时放入碗柜，以免落上尘土。这样在需要时可以随时取用。在往碗柜里摆放餐具时，我们要先摆放较大的餐具，再摆放较小的餐具，最后把勺子、筷子等餐具放回原处。

小试牛刀

下面是几个小伙伴在刷餐具时发生的故事。结合上面的提示，你来给点建议吧。

冯旭浩是小学二年级的学生。他主动提出要承担家中的家务，妈妈便把清洗餐具的任务交给了他。这天饭后，他先把所有餐具都放入洗碗池，然后开始清洗。有些餐具直接在水龙头下一冲，就很干净了，这是最简单的。有些用水冲不下来的食物残渣，他就拿百洁布去擦。擦完之后，他发现一个问题，怎么所有的餐具上都有一层光滑的油呢？用手拿餐具时，得格外小心，不

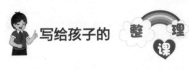
然就会滑落。这时妈妈告诉他，如果碰到有油的餐具，要加点儿洗洁精，这样才能够刷干净。他用了洗洁精，果然很快就把那些有油的餐具擦干净了。

整理能手做分析

这样选择的优点是＿＿＿＿＿＿＿＿＿＿＿＿＿＿＿＿＿＿＿

我的建议是＿＿＿＿＿＿＿＿＿＿＿＿＿＿＿＿＿＿＿＿＿＿＿

原因是＿＿＿＿＿＿＿＿＿＿＿＿＿＿＿＿＿＿＿＿＿＿＿＿＿

季小平是小学四年级的学生。由于父母很忙，她便主动承担了家中清洗餐具的任务。每清洗完一个餐具，她就随手放在旁边的台面上。等刷完以后台面上也就摆满了餐具。很多时候，她就这样离开了厨房。妈妈告诉她，餐具放在外面容易落上灰尘，不利于家人的身体健康。所以，刷完的餐具一定要及时放回碗柜。于是，她再清洗完餐具就把餐具随手向碗柜里放。慢慢地，她发现，应该先把边上的餐具往里移动一下，再把其他的餐具放在外面，不然餐具都放在碗柜的边上，里面却空着，很浪费空间。

整理能手做分析

这样选择的优点是＿＿＿＿＿＿＿＿＿＿＿＿＿＿＿＿＿＿＿

我的建议是＿＿＿＿＿＿＿＿＿＿＿＿＿＿＿＿＿＿＿＿＿＿＿

原因是＿＿＿＿＿＿＿＿＿＿＿＿＿＿＿＿＿＿＿＿＿＿＿＿＿

付晓丽是初中一年级的学生，她承担了清洗餐具的家务。这一天中午吃完饭，由于时间紧，她没来得及清洗餐具就去上学了。下午回到家，她要在做晚饭之前把餐具清洗干净。这时，她发现中午盛米饭的碗，变得格外难刷，用百洁布蹭了好久都蹭不下来。妈妈告诉她，这种情况下，可以用钢丝球来刷，刷完之后再拿百洁布擦一遍更干净。还有一种方法，就是把碗放在水里浸泡十几分钟，等食物残渣泡软后，再清洗。由于需要赶在晚饭前清洗干净，她就用钢丝球把碗刷干净了。她这次最大的感受是：餐具要及时清洗，不然就得用更多的时间去清洗，如果实在没有时间清洗，最好先把用过的碗筷用水浸泡起来，免得之后加大清洗难度。

整理能手做分析

这样选择的优点是＿＿＿＿＿＿＿＿＿＿＿＿＿＿＿＿＿＿

我的建议是＿＿＿＿＿＿＿＿＿＿＿＿＿＿＿＿＿＿＿＿＿

原因是＿＿＿＿＿＿＿＿＿＿＿＿＿＿＿＿＿＿＿＿＿＿＿

整理桌子，是小伙伴家务整理中不可缺少的一部分。桌子是家庭中利用率最高的地方，上面摆放着我们最常用的物品，让小伙伴的生活更加便捷。你有没有发现，如果桌子不经常整理，上面很快就会摆满了各种各样的物品，可用空间变得越来越小。因此，整理桌子，是日常生活不可缺少的一部分。

餐桌，是我们在家里使用率最高的地方。每次吃饭都要用，如果不及时清理，会有很多油渍和杂物。客厅的茶几，经常被我们随手放上物品。时间长了，上面总是满满的。书房的书桌，上面经常摆着一些正在阅读的书籍、喝水的水杯，甚至还有些零食。这都说明，我们需要进行家务整理啦。

整理桌子时，首先需要整理桌子上的物品，不该放在桌子上的物品，坚决拿走。其次，把桌子上的垃圾收到垃圾桶里。最后根据桌子表面的污渍情况，决定应该怎样擦拭。餐桌经常被洒上一些汤汁、油渍等，光用抹布擦是很难擦干净的。需要用湿抹布

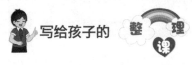

蘸点儿洗洁精，这样擦起来会更干净。客厅的桌子，上面一般会有一些灰尘。碰到尘垢难擦的地方，可以用湿抹布蘸点儿肥皂或者洗衣粉，这样擦拭起来会更干净。请注意，各个位置的抹布都是专用的，不能混用。

小试牛刀

下面是几个小伙伴在整理桌子时，做出的选择。结合上面的提示，你来给点建议吧。

桂佳欣是小学二年级的学生。她家的餐桌是一个长方形的大桌子。可是吃饭时，真正可利用的空间，只有餐桌的一半。有时饭菜都摆不开，因为另一半空间摆着凉水杯、家人各自的水杯、抽纸、饮料、零食等。桂佳欣决定给餐桌减减负。她首先把零食放进厨房的收纳盒，又把饮料放入冰箱，把凉水杯和水杯放到了客厅的茶几上……很快，餐桌就清理出来了。看着宽大的餐桌，她高兴极了。

整理能手做分析

这样选择的优点是＿＿＿＿＿＿＿＿＿＿＿＿＿＿＿＿＿＿＿＿

我的建议是＿＿＿＿＿＿＿＿＿＿＿＿＿＿＿＿＿＿＿＿＿＿＿＿

原因是＿＿＿＿＿＿＿＿＿＿＿＿＿＿＿＿＿＿＿＿＿＿＿＿＿＿

程飞泽是小学四年级的学生，他在家承担了擦桌子的家务。每当吃完饭，他就开始整理餐桌。他首先把餐桌上的各种餐具统统拿到厨房，然后把餐桌上的食物残渣收进垃圾桶，最后拿湿抹布擦桌子。时间长了，他发现，餐桌表面越来越油，怎么擦也擦不干净。妈妈告诉他，这是因为桌面上有油渍，可以借助洗洁精来帮忙。他就在湿抹布上滴了一点儿洗洁精，揉搓均匀，然后再去擦餐桌，餐桌很快就被擦得干干净净。然后，他把抹布洗干净，再擦一遍，这样擦出来的桌子干净得像镜子一样。

整理能手做分析

这样选择的优点是＿＿＿＿＿＿＿＿＿＿＿＿＿＿＿＿＿＿＿＿＿＿＿＿

我的建议是＿＿＿＿＿＿＿＿＿＿＿＿＿＿＿＿＿＿＿＿＿＿＿＿＿＿＿＿

原因是＿＿＿＿＿＿＿＿＿＿＿＿＿＿＿＿＿＿＿＿＿＿＿＿＿＿＿＿＿＿

崔莹莹是初中二年级的学生，她经常在家务整理上给父母搭把手，减轻父母的压力。这一天，她要整理客厅的桌子，就先把桌子上的零食、饮料放到厨房的收纳盒或冰箱里，又把桌面上的果皮收入垃圾桶。然后开始擦桌子。可是，她擦了好几遍，总有一块污渍去不掉，很不雅观。妈妈说，加点儿洗衣粉就可以清理掉各种污渍。于是，她往污渍处倒了一点儿洗衣粉，再用湿抹布用力擦，很快就擦干净了。然后，她用干净抹布再擦一遍，桌子就又恢复了整洁。

整理能手做分析

这样选择的优点是＿＿＿＿＿＿＿＿＿＿＿＿＿＿＿＿＿＿＿＿＿＿＿＿

我的建议是＿＿＿＿＿＿＿＿＿＿＿＿＿＿＿＿＿＿＿＿＿＿＿＿＿＿＿＿

原因是＿＿＿＿＿＿＿＿＿＿＿＿＿＿＿＿＿＿＿＿＿＿＿＿＿＿＿＿＿＿

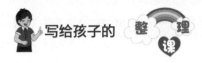

■我的新计划

扫地是有小窍门的……

家务整理要参与……

我知道了拖地的小窍门……

4. 出门不慌，进门不乱

我们每天都要出门，出门时，你是否遇到过这种情况：出门后才发现，这个忘带了，那个忘拿了，不是让自己出门后变得更焦躁，就是还得回一趟家拿上必备的用品。进门时，你通常会把带在身上的各种物品随手一扔，以最快的速度做自己想做的事。进门时的随意，会造成出门时的慌乱，你想不想让自己脱离这种怪圈呢？

在自己家门口，董晓娜无奈地坐在地上，呆呆地看着前面。没多一会儿，对门的马啸天也一屁股坐在了家门口。

他俩就这么大眼瞪小眼。董晓娜先开口了："你是不是没带钥匙？"

马啸天毫不示弱地回应："你不是也没带钥匙？"

董晓娜道："还不是我妈早晨出门前太唠叨

了，问我这个带了没有，那个带了没有，把我烦得直接出门了，没想到又忘了拿上家里的钥匙。"

这时，王晓雨回来了，打开了自家的门，然后对他俩说："你俩又没带钥匙吧，别纠结了，先到我家里来写作业吧。"

马啸天进了王晓雨家里，忍不住问道："你究竟是怎么才能做到每天都不忘拿钥匙的？"

……

小伙伴，你有没有过这样一种经历，出门后，忽然发现忘带了什么东西，赶紧回来拿，然后再次出门后，发现还是有东西忘带了。其实，只要每次出门前整理一下需要带什么，然后记住那些要带的东西，你就会发现出门时就没有那么慌乱了。如果你每次出门，都能带好自己的物品，那恭喜你，已经具备了良好的整理能力。

■爱整理，会生活

出门（回头检查＋必带清单＋仪表端庄）＋进门放松，注意条理＝出门不慌，进门不乱

有钱难买回头看，这是我们出门时回头检查的金句。小伙

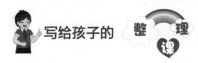
伴，你每次出门前，是头也不回就走了，还是回头看看，确定没有遗漏什么东西再离开呢？如果你有回头看的习惯，那么恭喜你，你已经具有良好的整理意识。出门前，检查家里的各种安全隐患是非常有必要的。

出门前，要先检查一下家中不用的电器是否已经关闭。首先要检查一下家中的大功率家电是否已经关闭，比如电暖气、空调、风扇、电视等，尤其是电暖气，在冬天，人们喜欢在它上方晾晒衣物，如果长时间离开，衣物可能因过热引发火灾。其次，检查家中的照明灯是否已经关闭。遇到停电，如果不知道电器是打开还是关闭状态，怎么办？直接拔电源！

检查水龙头是否已经全部关紧。如果我们出门时间比较长，水龙头没有关紧，一天会浪费许多水资源。平时，我们可以直接看到水龙头是否已经关紧，但如果停水了呢？这就需要我们在平时注意观察家中的水龙头，怎样的状态是打开状态，怎样的状态是关闭状态。如果实在记不住，那就把水管的总阀门关上。

检查家中的天然气是否已经关闭。厨房是大家容易遗漏的地方，也是特别容易发生危险的地方。出门前，要检查一下，厨房是否还在烧着水或者炖着菜，因为水壶或者锅中的水烧干之后，容易引发火灾。出门前，要检查天然气阀门是否关闭，一般情况下开关与管道平行是打开状态，与管道垂直是关闭状态。

小试牛刀

下面是几个小伙伴在出门前检查家里水、电、燃气的故事。结合上面的提示，你来给点建议吧。

李龙江是小学二年级学生。他家中的暖气是集体供暖，因为不够热，妈妈就买了一个电暖气放在卧室。一天早晨，妈妈把刚洗的衣服搭在电暖气上，准备等衣服干了就收起来。过了一会儿，妈妈接到一个紧急电话，匆忙带上李龙江就出门了。到了下午，妈妈才和他回到家中。刚进门，就闻到一股东西被烤焦的味道。她循着气味很快就找到了烤在电暖气上的衣服，衣服已经被烤焦了，再烤一会儿就该着火了。他很庆幸，还好回来得比较及时，没有引起严重的后果。

整理能手做分析

这样选择的优点是＿＿＿＿＿＿＿＿＿＿＿＿＿＿＿＿＿＿＿＿

我的建议是＿＿＿＿＿＿＿＿＿＿＿＿＿＿＿＿＿＿＿＿＿＿＿

原因是＿＿＿＿＿＿＿＿＿＿＿＿＿＿＿＿＿＿＿＿＿＿＿＿＿

娄立柱是小学四年级的学生，他负责家中出门前的检查任务。这一天，他起床洗漱时发现停水了。为了能够洗漱，他多次去测试是否来水，最后要出门的时候也没有来水。可是他已经忘了现在水龙头是打开还是关闭状态。为了避免外出时来水造成浪费，他只好求助于妈妈。妈妈带他来到水龙头处，告诉了他水龙头打开和关闭状态是什么样的。还告诉他，如果实在不知道是否是关闭状态，就必须关闭家中的水管总阀门。

整理能手做分析

这样选择的优点是＿＿＿＿＿＿＿＿＿＿＿＿＿＿＿＿＿＿＿＿

我的建议是＿＿＿＿＿＿＿＿＿＿＿＿＿＿＿＿＿＿＿＿＿＿＿

原因是＿＿＿＿＿＿＿＿＿＿＿＿＿＿＿＿＿＿＿＿＿＿＿＿＿

石玉萍是初中二年级的学生，妈妈安排她每次出门前检查家中的安全隐患。这一天，她检查了家中的电器和水龙头后，就

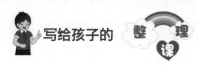

急匆匆地出门了。她回家时，刚打开门，就闻到一股饭煳了的味道。她急忙打开厨房的门，发现正在炖的一只鸡已经成了焦炭，炖鸡的锅也被烧裂了，幸好没有发生其他事故。妈妈狠狠地批评了她，并且告诉她：厨房是最容易发生事故的地方，每次出门前，必须检查厨房是否正在使用天然气。

整理能手做分析

这样选择的优点是＿＿＿＿＿＿＿＿＿＿＿＿＿＿＿＿＿＿＿＿

我的建议是＿＿＿＿＿＿＿＿＿＿＿＿＿＿＿＿＿＿＿＿＿＿＿

原因是＿＿＿＿＿＿＿＿＿＿＿＿＿＿＿＿＿＿＿＿＿＿＿＿＿

出门必带小清单，是我们出门前必看的小神器。出门必带小清单，是我们根据自己的出门需求，单独整理的一份列表。里面详细记载着我们出门时经常要带的物品。这样每次出门前，只要对照这份清单，核查一下是否带全了，就不会出现出门后再回来拿东西的窘况了。

出门时，我们需要带的物品一般包括学习用品类、生活用品类、必备工具类、其他类别。

学习用品类主要包括：书包、红领巾、学生卡（校牌）、跳绳、篮球等。

生活用品类主要包括：水杯、纸巾、湿巾等。

必备工具类主要包括：单元门禁卡、家中的钥匙、自行车的钥匙、钱包等。

其他类别主要是指各人学习生活中临时需要带的物品，或者需要带给别人的物品等。

我们把这些物品做一个清单，贴在门上，每次出门前都检查一下，就不会再有遗漏啦。

小试牛刀

　　下面是几个小伙伴在出门前与必带小清单之间发生的故事，结合上面的提示，你来给点建议吧。

　　王启江是小学二年级的学生。他每次上学出门都要提前五分钟以上的时间，因为他经常出门以后才发现，忘戴红领巾了，赶紧回家戴上红领巾。再次出门，没走两步，又回来了，忘带校牌了，不让进校呀！在等电梯时，他又要回家拿跳绳，今天体育课，必须得带跳绳。好容易到了学校，发现水杯又忘带了，结果一上午没有喝水。妈妈整天被他气得直跺脚。后来妈妈实在忍无可忍了，带着他梳理了一遍需要带的物品，制作了一份出门必带小清单，每天出门前让他必须自我检查一遍才能出门。

整理能手做分析

这样选择的优点是＿＿＿＿＿＿＿＿＿＿＿＿＿＿＿＿＿＿＿＿

我的建议是＿＿＿＿＿＿＿＿＿＿＿＿＿＿＿＿＿＿＿＿＿＿＿

原因是＿＿＿＿＿＿＿＿＿＿＿＿＿＿＿＿＿＿＿＿＿＿＿＿＿

　　石东娜是小学四年级的学生。她有点儿小马虎，经常忘带东西。一天，妈妈着急要去上班，就让她一个人去上学。因为妈妈这一天要很晚回来，就把家里的一套钥匙留给了她。闹钟响后，她洗漱好，整理了一下书包，核对了一下出门必带小清单，确定上学的物品都在书包里，就关门去上学了。下午放学，她回到家门口，敲了半天也没人开门。这时，她才想起来，妈妈晚上加班，得自己开门。她翻遍了书包也没找到钥匙。唉，钥匙被锁在家里了！幸好邻居回来了，看到她没法回家，让她进屋先写作业。不然她得在门外等好久。

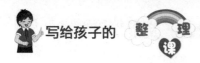

整理能手做分析

这样选择的优点是＿＿＿＿＿＿＿＿＿＿＿＿＿＿＿＿＿＿＿＿

我的建议是＿＿＿＿＿＿＿＿＿＿＿＿＿＿＿＿＿＿＿＿＿＿＿＿

原因是＿＿＿＿＿＿＿＿＿＿＿＿＿＿＿＿＿＿＿＿＿＿＿＿＿＿

　　吕春霞是初中二年级的学生。她有过多次出门忘带东西的经历，所以每次出门时，都特别紧张，生怕又忘记带什么东西。为了改变这种坏习惯，她决定养成每天出门前自我检查整理的习惯。她在门上贴了一张便笺，上面写了每天需要带的物品。常用的物品一般忘不了，可是答应给别人带的东西，经常忘带。于是，她在常用便笺旁边又贴了一个备忘录，第二天需要带什么特殊物品，及时记录。这样出门前核对一遍要带的物品，就不会忘记了。

整理能手做分析

这样选择的优点是＿＿＿＿＿＿＿＿＿＿＿＿＿＿＿＿＿＿＿＿

我的建议是＿＿＿＿＿＿＿＿＿＿＿＿＿＿＿＿＿＿＿＿＿＿＿＿

原因是＿＿＿＿＿＿＿＿＿＿＿＿＿＿＿＿＿＿＿＿＿＿＿＿＿＿

　　出门仪表要端庄，是小伙伴出门前自我检查的一项重要标准。谁也不希望将自己脏兮兮、乱糟糟的状态展现在人们面前。所以，小伙伴出门前，要对自己进行一番整理，以干净整洁的仪表展现自己的独特魅力。

　　脸是我们在众人眼前的第一形象，必须干净。出门前要照一照镜子，看看脸上是否有异物或者污痕。如果有，先洗干净再出门。早晨起床时，油性皮肤的人脸上会有一层油腻腻的东西。小伙伴可以用洁面乳辅助清洁面部。洗完以后，还可以涂抹一点儿护肤品。

头发要整齐。晚上睡觉时，可能由于睡姿或者出汗等原因，头发会比较乱。起床后一定要把头发梳理好，尤其是女生的长头发，如果头发很乱，会把形象拉低一个档次。

检查一下着装是否合适。首先检查衣服是否干净。如果衣服有污渍还是换掉比较好。有衣领的上衣要检查衣领是否整齐，不要出现一半内翻，一半外翻的情况。如果是 T 恤，下端要么全部塞进裤子里，要么全部露在外面，避免一部分在里一部分在外。裤子要检查一下腰带是否合适，拉链是否拉好。裤腿如果卷起，应该将其放下。

检查鞋子是否合适。首先检查鞋子是否干净，是否有异味。不合脚的鞋子最好换掉。不同的鞋子搭配不同的衣服。穿运动服时，尽量不要穿皮鞋。穿着演出服时，尽量不要穿运动鞋。如果鞋子是系鞋带的，还要检查一下鞋带是否系紧了，以免绊倒。

小试牛刀

下面是几个小伙伴在出门前自我检查仪表的故事，结合上面的提示，你来给点建议吧。

闫俊豪是小学一年级的小男孩。他不大注重自己的仪表，有时早晨起床脸都不洗就去上学。这一天，他睡了一个懒觉，直到必须马上走了才开始穿衣服。由于刚睡醒，嘴角还有睡觉时流出的口水。他随手一抹，结果手上的脏灰抹在了脸上。头发也是乱蓬蓬的，像个鸟窝。由于赶时间，他就这样到了教室门口。老师看到他这个样子，让他去洗手间洗一下脸，又找来梳子给他整理了一番头发，才让他进教室。老师说，要整理好自己的形象，不

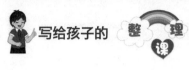

然会被同学笑话的。

整理能手做分析

这样选择的优点是＿＿＿＿＿＿＿＿＿＿＿＿＿＿＿＿＿＿＿

我的建议是＿＿＿＿＿＿＿＿＿＿＿＿＿＿＿＿＿＿＿＿＿＿

原因是＿＿＿＿＿＿＿＿＿＿＿＿＿＿＿＿＿＿＿＿＿＿＿＿

尹俊宇是小学四年级的小学生。他穿衣服并不注意细节，觉得只要穿上衣服就可以了。这一天，他上身穿着一件T恤，衣领全都披进了里面，T恤下摆一半塞在裤子里，一半露在外面。裤子是系绳的，他也没系上，两根绳子垂在外面，看起来实在邋遢。妈妈看不过去了，让他整理好衣服才能出门。在妈妈的提示下，他把衣领翻好，把T恤下端全留在裤子外面。系好了裤子上的绳子，避免裤子松松垮垮的。一切都收拾好后，他马上由邋遢小子变成了时尚达人。

整理能手做分析

这样选择的优点是＿＿＿＿＿＿＿＿＿＿＿＿＿＿＿＿＿＿＿

我的建议是＿＿＿＿＿＿＿＿＿＿＿＿＿＿＿＿＿＿＿＿＿＿

原因是＿＿＿＿＿＿＿＿＿＿＿＿＿＿＿＿＿＿＿＿＿＿＿＿

叶艺林是初中一年级的学生，她要代表班级参加一个演出。妈妈给她挑选了一件小礼服。穿上后，她的气质被衬托得非常高贵。这天就要演出了，她进行了精心打扮，清纯的脸庞在漂亮的小礼服的衬托下，一定能牢牢地吸引观众的目光。她习惯性地穿上了她最喜爱的运动鞋，准备出门。妈妈喊住了她，提醒道，礼服一般搭配皮鞋，穿运动鞋会拉低整体的档次。果然，漂亮的小礼服搭配小巧的新皮鞋，吸引了所有观众的目光，她的演出非常成功。

整理能手做分析

这样选择的优点是＿＿＿＿＿＿＿＿＿＿＿＿＿＿＿＿＿＿＿

我的建议是＿＿＿＿＿＿＿＿＿＿＿＿＿＿＿＿＿＿＿＿＿＿

原因是＿＿＿＿＿＿＿＿＿＿＿＿＿＿＿＿＿＿＿＿＿＿＿＿

进门放松要注意条理，是小伙伴养成整理习惯的一项重要衡量标准。 结束了一天的学习生活，小伙伴回到家中，都想第一时间让自己放松下来。可是，这时千万不要把各种物品随意放置，否则会给后面的整理带来很多麻烦。

进门后，把家中的钥匙放在专门盛放钥匙的小篮里，不要随手乱放。不然出门时再满屋子找钥匙，可就麻烦了。

进门后，要把鞋子换成居家拖鞋。脱下来的鞋子，放在鞋柜的固定位置，方便取用。脱下的袜子，如果不洗，要放在明天穿的鞋子里。千万不要随意丢弃，这里一只，那里一只。等到临出门时，再找袜子就太浪费时间了。

摘下的帽子、脱下的衣服，要挂在衣架上，不要随意扔在沙发上。否则一旦养成习惯，沙发就会成为另一个衣架，而且衣服随便放，容易起褶子，影响再穿的效果。

书包、红领巾等物品，要及时放入自己的卧室，方便使用。

如果还拿了其他物品，要尽快放到相应位置，不要堆在家门口，更不要随处乱放。

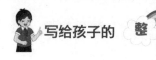

小试牛刀

下面是几个小伙伴在进门后做出的动作，结合上面的提示，你来给点建议吧。

辛叶叶是一年级的小学生。回家后，她经常不换鞋，穿着运动鞋就在家来回走动。这一天，她回家后，坐在沙发上看课外书，顺便把运动鞋脱在了沙发旁边。一会儿，她又穿了拖鞋在家中走动。晚上洗脚时，把袜子脱在了卫生间。第二天早晨起来上学时，她找不到袜子了，就穿了一双新袜子。运动鞋在沙发边找到了一只，另一只却找不到了。她只好穿了另外一双鞋去上学。晚上，妈妈拖地时在沙发底下找到了另一只运动鞋。

整理能手做分析

这样选择的优点是_____

我的建议是_____

原因是_____

郑菲菲是三年级的小学生。她经常与妈妈买完菜再一起回家，妈妈负责拿菜，她负责拿钥匙开门。这一天，妈妈买了很多蔬菜，她也帮忙提了一袋。她开门后，没有第一时间先把钥匙放回专用的小篮子，而是跟着妈妈把蔬菜放到了厨房。在放蔬菜时，她顺手把钥匙放在了蔬菜旁边。第二天，要上学了，妈妈按照惯例先检查是否带钥匙了，发现没带就去小篮子里找，可是怎么也找不到钥匙了。于是她与妈妈找了好久，才在厨房找到了钥匙。这一天，她和妈妈都迟到了。

整理能手做分析

这样选择的优点是_____

我的建议是_____

原因是_____

　　魏小平是初中一年级的学生。他放学回家后总是把书包、衣服等各种物品往沙发上一扔，就开始吃饭，吃完饭再拿起书包去卧室学习。学习时，需要拿东西，他再到沙发上去取。每次写作业，他都得进出好几趟，降低了学习的效率。第二天上学时，他放在沙发上的衣服，有了很多的褶皱，穿上去皱皱巴巴的，还被同学们笑话。妈妈只得又一次提醒他，回家后，衣服要挂在衣架上，东西要及时放到固定的位置。

整理能手做分析

这样选择的优点是_____

我的建议是_____

原因是_____

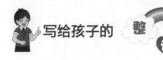
■我的新计划

第二章 整理你的书包文具

1. 文具盒里放什么——整理能力新表现

出色的整理能力能够为你加分，让你的学习更有效率。爱整理，会生活，文具整理从整理文具盒开始。

生活中我们能够见到各种各样的铅笔盒，从常见的布袋铅笔盒、塑料铅笔盒、铁制铅笔盒到复杂的定制铅笔盒、异形铅笔盒。你有没有发现，打开小伙伴的铅笔盒就像打开一个宝库，除了我们能想到的铅笔、橡皮，还会有让老师都感到疑惑的小镜子、小金刚。

几位妈妈凑在一起聊天，话题很快就集中到了自家"神兽"的学习上。

"我家姑娘，从小就懂事，一个铅笔盒用了好几年，照样干干净净……"

"怎么做到的？快说说，我家姑娘可没心没肺了，铅笔盒里永远缺东西，不是没有橡皮就是不见了尺子，铅笔断头、中性笔

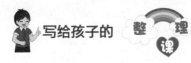
笔油到处都是更是家常便饭。一到写作业就启动找东西模式，等她找到了，别的孩子都写了一大半作业了。"

"就是，就是，前天还接到班主任的电话提醒，说让我们做父母的要给孩子准备足够的学习用品，才能不影响学习呢！铅笔盒都不会整理，怎么办啊？"

……

回忆一下，你最近一次换铅笔盒的理由是什么？不喜欢了，脏了，旧了，还是跟风，升级，看心情？有没有一次理由是这样的，你正在使用的铅笔盒不方便你做整理，没有办法让你拥有整洁卫生、有条理的学习生活，所以你要换一个方便整理的铅笔盒？

如果有的话，那么恭喜你，整理意识已经开始影响你的生活了。

■爱整理，会生活

选择合适的＋清除多余的＋摆位固定＋用完放回＝铅笔盒整理能力

选择合适的，是我们整理文具盒的基础。什么是合适？一般来说包括功能选择上是不是合适，结构上是不是合适，还有使用习惯上是不是合适等。

功能选择的标准可以借助下面几个词语帮助自己做思考：必须要用的，随时要用的，没有不行的，可有可无的和有了没用的。

结构选择的标准有：粗细是否称手，长度是否适中，形状是否合理，装饰是否多余等。

使用习惯的标准可以参照自己是习惯用左手，还是习惯用右手；习惯软的还是硬的；喜欢简单的还是复合的；等等。

中小学生学习必需品进阶表

年级	必备学习用品	规格和数量（建议）
1~2 年级	铅笔、橡皮、直尺	六支 2B 铅笔、一块绘图橡皮、一把标准直尺
3~4 年级	钢笔、中性笔、铅笔、橡皮、直尺、量角器	一支钢笔、一支 2B 铅笔、一块绘图橡皮、黑色和蓝色中性笔各两支、标准量角器、一把标准直尺

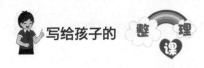
年级	必备学习用品	规格和数量（建议）
5~6年级	钢笔、中性笔、铅笔、橡皮、量角器、三角板、圆规、直尺	一支钢笔、一支2B铅笔、一块绘图橡皮、黑色和蓝色中性笔各两支、标准量角器、三角板和圆规、一把标准直尺
7~9年级	钢笔、中性笔、铅笔、橡皮、量角器、三角板、圆规、直尺	一支钢笔、一支2B鸭嘴形铅笔、一块绘图橡皮、黑色和蓝色中性笔各两支、标准量角器、三角板和圆规、一把标准直尺

小试牛刀

下面是几个小伙伴在选择文具盒时做出的决定，结合上面的提示，你来给点建议吧。

李佳马上要上小学一年级了。妈妈告诉她，一年级需要的学习用品可以直接放在一层的文具盒里，取用、整理都非常方便，特别适合刚入学的小朋友。于是，她选择了一个印着粉色米奇图案的塑料单层文具盒。

整理能手做分析

这样选择的优点是＿＿＿＿＿＿＿＿＿＿＿＿＿＿＿＿＿＿＿＿

我的建议是＿＿＿＿＿＿＿＿＿＿＿＿＿＿＿＿＿＿＿＿＿＿＿

原因是＿＿＿＿＿＿＿＿＿＿＿＿＿＿＿＿＿＿＿＿＿＿＿＿＿

张文浩是四年级的小学生，他选择了一个三层的铁制文具盒，因为铁制文具盒能更好地保护内部的文具。那为什么选择三层的文具盒呢？因为从四年级起，需要准备的文具开始明显增多，必须要进行合理的整理才能提高效率，节省时间。他都规划好了，把直尺、三角板、量角器、圆规这些最不常用的文具放在最下层，把铅笔、橡皮这些较不常用的文具放在中间层，把钢笔、中性笔、修正带这些经常使用的文具放在最上层。这样一来，取用和整理时都非常方便，提高了效率。

整理能手做分析

这样选择的优点是＿＿＿＿＿＿＿＿＿＿＿＿＿＿＿＿＿＿＿＿

我的建议是＿＿＿＿＿＿＿＿＿＿＿＿＿＿＿＿＿＿＿＿＿＿＿

原因是＿＿＿＿＿＿＿＿＿＿＿＿＿＿＿＿＿＿＿＿＿＿＿＿＿

王文静是初中二年级的学生，她选择了一个三层牛津布笔袋。这个笔袋最大的特点是内部空间大，最多可以装入 45 支笔，对上初中的学生来说是很实用的。而且牛津布材质非常结实耐用。这款笔袋内部分为三层，可以把各种文具分类放置，整理起来非常方便。但是这款笔袋不适合小学一、二年级的学生使用，因为他们主要使用铅笔，铅笔尖会把笔袋内部涂抹得很脏，不易清洗，而且布笔袋对文具的保护，不如塑料和金属的文具盒。

整理能手做分析

这样选择的优点是＿＿＿＿＿＿＿＿＿＿＿＿＿＿＿＿＿＿＿＿

我的建议是＿＿＿＿＿＿＿＿＿＿＿＿＿＿＿＿＿＿＿＿＿＿＿

原因是＿＿＿＿＿＿＿＿＿＿＿＿＿＿＿＿＿＿＿＿＿＿＿＿＿

清除多余的，这个步骤是整理文具盒的难点。学校是我们学习的地方，文具盒的功能更多地应该偏向于满足学习需要。也就是说对学习起到干扰作用的物品，我们必须冷静地把它从我们的文具盒中清除掉。可以把它留在家里，等到学习结束后，我们课

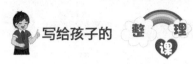

余时再来体验趣味文具，满足我们的其他需要。安全也是判断的主要标准，对身体有损害的物品要坚决放弃。

文具对我们学习的专注力是有影响的，有的会直接干扰，有的会间接干扰。对我们学习起到直接干扰的，是各种小玩具，以及各种造型独特、带有美丽图案的铅笔、橡皮、直尺等文具。有的文具会间接影响我们的学习，比如各种文具的质量、相同文具的数量会在使用时影响我们的学习。

中小学生学习常见文具干扰列表

学习用品	建议避免的因素
玩具类文具	主要作用是当玩具，强烈建议清除出文具盒
铅笔	创意造型、图案独特的卡通铅笔不要放入文具盒
橡皮	避免卡通造型、图案的橡皮，避免有香味的橡皮
直尺	不建议使用创意类、刻度不清晰的直尺
钢笔	不建议使用笔尖太粗、需要更换墨囊的钢笔
中性笔	准备 2 支即可，不宜过多，不建议使用笔芯太粗的中性笔
量角器	刻度必须清晰，刻度模糊的不能选
三角板	选择尺寸合适的，避免过大或者过小的三角板
圆规	避免造型独特、铅芯容易断的

小 试 牛 刀

下面是几个小伙伴在清理文具盒中的文具时做出的决定，结合上面的提示，你来给点建议吧。

李佳上一年级有一个月了。老师告诉她，她文具盒里的文具太多，需要把对学习有干扰的清除出去，免得学习时因它们而分心。李佳只好把文具盒中的几个小玩具放在家里，用一块白色绘图橡皮换掉了卡通造型的香味橡皮。最后，她把 6 支铅笔中很短的、不易书写的拿了出来，换上了新削好的铅笔。

整理能手做分析

这样选择的优点是 _____

我的建议是 _____

原因是 _____

张文浩刚升入小学四年级不久，他发现学习时总得从一大堆文具中去挑选需要的文具，而且文具总是在关键时刻罢工，影响学习效率。他意识到，必须对文具进行清理了。他先把写字带有香味的笔都拿了出来，然后把 4 支铅笔缩减到 1 支，2 块橡皮只保留 1 块，中性笔只保留 2 支黑色的和 2 支蓝色的，这样为文具盒腾出了许多空间。他的墨囊钢笔需要经常更换墨囊，很浪费时间。于是他把钢笔换成了普通钢笔，每天晚上提前灌好墨水，第二天就不会出现没墨的情况了。

整理能手做分析

这样选择的优点是 _____

我的建议是 _____

原因是 _____

王文静进入初中二年级以后，学习压力越来越大。她对学习效率的要求越来越高。为了提高效率，她对文具盒里的文具进行了清理与更换。她首先把修正带清除出了文具盒，因为在正式考试中，不允许使用修正带，而且修正带散发的味道对身体并不好。她必须适应学习时没有修正带。她还清理了多余的笔，只保留了黑色与蓝色中性笔各 2 支、1 支钢笔、1 支 2B 铅笔。她把塑料透明软直尺换成了标准硬塑料直尺。三角板和圆规因为经常使

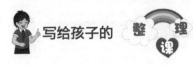
用刻度已经看不清楚，也换成新的。臃肿的可爱卡通圆规换成了标准的圆规，占用空间少，而且不易损坏。

整理能手做分析

这样选择的优点是 _____

我的建议是 _____

原因是 _____

摆位固定，可以提升整理文具盒的效率。文具就是我们上学习战场时的武器，在开战时，要能在最短的时间内拿起武器去战斗。文具散乱无章地摆放在一起，在取用时速度很慢，有时文具还会互相碰撞导致受损，直接影响我们学习的效率。要保护好文具，并且快速存取文具，摆位固定是非常必要的，也能提升整理文具盒的效率。

有的文具盒本身就把内部空间进行了分隔，把空间隔离成橡皮擦区域、铅笔区域、直尺区域，我们只需把文具放到相应的分隔区域就可以将文具区分开。

有的文具盒则安装了橡皮擦放置槽、铅笔放置孔、尺子放置槽等固定装置，只需把文具放入相应的装置，就可以固定文具。这种装置是帮助我们规划整理文具盒的好帮手，有助于我们提高整理文具的效率。

小试牛刀

下面是几个小伙伴在文具盒中摆放文具时做出的选择，结合上面的提示，你来给点建议吧。

李萌是二年级的小学生。她的文具盒是一个一层的塑料文具盒，她所有的铅笔、橡皮、直尺都放在一起。可是她发现，雪白的橡皮总是被铅笔抹得灰头土脸，削好的铅笔经常断头，原本刻度清晰的直尺也有了好多划痕，刻度变模糊了。需要画直线时，由于直尺边缘坑坑洼洼，画出来的直线也不直了。她把苦恼告诉了妈妈。妈妈告诉她，每个文具在文具盒中都有自己的位置。如果大家都在自己的位置上，就不会出现这种问题了。于是，李萌在妈妈的指导下，换了具有固定功能的文具盒。当所有文具都固定住后，不管文具盒怎么晃动，它们都会老老实实地待在自己的位置上，再也没有出现过之前的现象。

整理能手做分析

这样选择的优点是＿＿＿＿＿＿＿＿＿＿＿＿＿＿＿＿＿＿＿＿

我的建议是＿＿＿＿＿＿＿＿＿＿＿＿＿＿＿＿＿＿＿＿＿＿＿

原因是＿＿＿＿＿＿＿＿＿＿＿＿＿＿＿＿＿＿＿＿＿＿＿＿＿

张家豪是三年级的小学生，自从上了三年级，他的文具盒里多了好多文具，钢笔、中性笔、修正带、量角器……把文具盒装得满满的。它们总是相互碰撞，然后各自都受到了损伤。最令他头疼的就是钢笔。由于他比较活泼，喜欢蹦蹦跳跳的，文具盒在书包里也是晃来晃去的。有时，钢笔帽掉了，墨水洒满了文具盒，还把其他文具都弄脏了。他学习时，经常弄得一手墨水。大家都以为他是一个不注意卫生的孩子。他把文具盒的烦恼跟老师说了以后，老师建议他根据文具的功能把文具固定好位置，这样就不容易出现漏墨水的情况了。

整理能手做分析

这样选择的优点是＿＿＿＿＿＿＿＿＿＿＿＿＿＿＿＿＿＿＿

我的建议是 _____

原因是 _____

　　王英涵是初中二年级的学生。她善于动手解决生活中的小问题。她发现随着学习科目的增多，她需要的文具种类也越来越多。笔袋里装满各种文具，文具经常在笔袋中碰撞，有时中性笔会把直尺涂上墨点，有时修正液在碰撞中笔帽掉了，液体洒满整个笔袋。她发现，这些都是文具在笔袋中乱动造成的。于是她把笔、尺、橡皮与修正液分别放入笔袋的三个空间内。她在放笔的空间里，用线把一段皮筋缝了上去，把皮筋分成好几段，每一段可以插入一支笔。她又在其他空间分别缝上了几个皮筋，可以把尺子、橡皮、修正液等固定。改造后的笔袋，再也没有发生文具互相干扰的现象。

整理能手做分析

这样选择的优点是 _____

我的建议是 _____

原因是 _____

　　用完放回，是我们整理文具盒的关键。在家里，大家是不是经常听到妈妈对我们怒吼："用完的东西放回原处！"我们大多数人都喜欢随性而为，东西随便放，然后隔一段时间再进行一次清理。这种不定期的整理慢慢会变成一种压力，让我们感到焦虑。我们潜意识里会进行逃避，于是不断拉长整理的周期，进而导致我们很长时间都处在脏乱差的环境当中。即使收拾好了，也只能维持几天。如果我们每次用完东西以后都放回原处呢？看上去很简单，对不对？对的，其实每次做完事后整理只需要几分钟，整理文具盒更是连一分钟都用不了。我们需要的是克服自己的懒惰心理。

文具盒里的文具，每次在什么时候整理比较合适呢？在学校学习时，每节课的课间时间都应该进行一次整理，把下节课不用的文具收回文具盒，把需要的文具拿出来。放学时，则把所有文具都按照规划好的位置放回文具盒。在家学习时，可以每做完一个学科的作业就整理一次，也可以在所有作业做完，一起放回文具盒。这需要根据写作业用到的文具多少来决定。

我们还可以根据文具的种类，来决定何时把文具用完放回。一般情况下，直尺、三角板、量角器、圆规这类文具，用完就可以放回。而书写用的文具——笔，是学习过程中都要用到的，可以等学习结束后再放回。对以铅笔为主要书写工具的小学生来说，橡皮使用次数比较多，可以等最后整理时放回。对以钢笔或中性笔为主要书写工具的学生来说，橡皮可以用完就放回，而修正带、修正液则需要最后整理时放回。

小试牛刀

下面是几个小伙伴用完文具后放回的做法，结合上面的提示，你来给点建议吧。

李佳璐是一年级的小学生。妈妈给她准备了 6 支削好的铅笔，1 块绘图橡皮，还有 1 把标准直尺。可是，几天下来，她的笔就只剩 1 支了，橡皮也找不到了，经常去借同桌的橡皮用。为此，她每天放学回家后，妈妈都得给她补充文具。妈妈耐心地告诉她，用完文具要及时放回原处，不要随便乱放，不然文具会经常丢的。后来，李佳璐上完一节课就收拾一次文具盒，文具就很少丢失了。

整里能手做分析

这样选择的优点是＿＿＿＿＿＿＿＿＿＿＿＿＿＿＿＿＿＿＿＿＿

我的建议是＿＿＿＿＿＿＿＿＿＿＿＿＿＿＿＿＿＿＿＿＿＿＿＿＿

原因是＿＿＿＿＿＿＿＿＿＿＿＿＿＿＿＿＿＿＿＿＿＿＿＿＿＿＿

　　赵明浩是四年级的小男生，平常有点儿大大咧咧的。他的文具盒里有很多文具。每次学习时，他把所有文具全部摆出来，然后再进行挑选。不用的文具就摆在桌子上。有时推一下本子或者课本，就会把文具碰到地上摔坏。慢慢地，他的文具越来越少，只好去买新的。同桌实在看不下去了，就告诉他文具用完及时放回的重要性。在同桌的提示下，赵明浩上课时只拿出需要的文具，其他文具不拿出来，不常用的文具用完及时放回。这样文具就很少损坏和丢失了，而且课桌上也不会那么满了。

整里能手做分析

这样选择的优点是＿＿＿＿＿＿＿＿＿＿＿＿＿＿＿＿＿＿＿＿＿

我的建议是＿＿＿＿＿＿＿＿＿＿＿＿＿＿＿＿＿＿＿＿＿＿＿＿＿

原因是＿＿＿＿＿＿＿＿＿＿＿＿＿＿＿＿＿＿＿＿＿＿＿＿＿＿＿

　　张曦璇是初中一年级的学生。她是一个非常认真仔细的学生，用完的东西绝对会及时放回原处。可是她把太多的精力放在了文具整理上，反而影响了听课。老师讲到重点内容时，她赶紧从文具盒中拿出红笔标注上，然后放回原处。等老师又讲到重点内容时，她再去文具盒中拿。有时老师讲的知识点比较多，她一会儿取文具，一会儿放文具，就跟不上了，听不懂老师讲的内容了。在老师的帮助下，她重新确定了文具用完放回原处的时机。再上课时，她会把常用的文具放在课桌上，等下课后再一起放回文具盒。

整理能手做分析

这样选择的优点是＿＿＿＿＿＿＿＿＿＿＿＿＿＿＿＿＿＿＿＿

我的建议是＿＿＿＿＿＿＿＿＿＿＿＿＿＿＿＿＿＿＿＿＿＿＿＿

原因是＿＿＿＿＿＿＿＿＿＿＿＿＿＿＿＿＿＿＿＿＿＿＿＿＿＿

■我的新计划

2. 健康的书包

我们的学习生活离不开书包，书包一般是用牛津纺、帆布、尼龙布、牛仔布、PU 皮等材料制成的，造型主要是双肩包与单肩包。打开不同小主人的书包，就会发现不一样的世界。有的摆放

得整整齐齐，有的则像刚经历了一场世界大战之后的战场。

几位班主任老师在办公室凑在一起聊天，话题很快就集中到了各班"大神"的学习上。

"我班有个小姑娘，刚入学我就看出来她很利索，书包里的东西一直摆放得整整齐齐，一看就很有家教……"

"是啊，可惜这样的孩子实在太少了！我们班一个小子，书包里就像被鸡爪子扒拉过似的，大大小小的各种书随意丢在里面，不少书都掉页了。交作业时，他那作业本总是找不到。我问他妈妈，他妈妈说昨天晚上陪他好容易写完的作业，亲手放到书包里了，今天就是找不到了。我要是他妈，非得气死！"

"对呀，太气人了！我刚才给一位家长打电话，让家长督促一下孩子完成作业。结果呢？也是家长陪到很晚才写完作业，孩子愣是没带。书包都不会整理，啥事都得耽误！"

……

想一想，你在使用书包时，有没有感觉书包里的书摆放得有些乱，很难找到自己需要的那本书；有没有感觉书包里的书边角特别容易卷翘起来，有时还会掉页；有没有感觉自己的水杯、跳绳没有合适的地方放？如果你有了这样的感觉，那么说明，你的书包已经需要整理了。

■爱整理，会生活

科学选择＋合理分类＋清除无用＋用完放回＝书包整理能力

科学选择，是我们整理书包的基础。书包可以帮助小伙伴收纳学习用品，给我们带来很多便利。但不合适的书包，反而会给我们带来麻烦，甚至会影响我们的身体健康。因此，我们必须要科学地选择书包。

书包，首选重量较轻的护脊书包，这种书包的背面符合人体脊椎的自然形状和运动特征，能为肩膀减负，将书包的重力更好地分散于背部各处。好的护脊书包可以比普通书包减小约 35% 的肩膀压力，能够有效地预防脊柱弯曲，修正不良的行走姿势。而且腰带和胸带可以将书包固定在腰部和背部，防止书包摇摆不定，减少脊骨和肩膀所承受的压力。

书包的材质也很重要。如果我们选择耐磨性好的书包，可以考虑牛津纺、帆布、尼龙布等面料的书包。如果优先选择美观，可以选择 PU 面料的书包。不管选择哪种书包，一定要选择无甲醛、无异味、无有害残留的面料。有些图案精美的书包，上面涂有一层含有甲醛的物质，对身体危害很大。

我们要选择内部空间设计合理的书包。这样可以将各种书本、文具、生活用品分类存放，从小养成收纳与整理的能力。

小试牛刀

下面是几个小伙伴在选择书包时做出的决定，结合上面的提示，你来给点建议吧。

李佳要上一年级了。妈妈告诉她，一个好的书包对她的学习帮助非常大。尤其是刚入学的小朋友，要选择保护脊柱的书包，不仅能预防脊柱弯曲，还能减轻肩膀压力。考虑到一年级小学生对书包内的区域划分容易混淆，所以妈妈建议李佳选择一个内部空间不分层的书包，方便一眼看到书包里的物品。于是，李佳在护脊书包专区选择了一个带有粉色米奇图案的书包。

整理能手做分析

这样选择的优点是 _____

我的建议是 _____

原因是 _____

张家豪是小学三年级学生。他的书包整天乱糟糟的。他不大爱惜书包，经常随手乱扔，有时还拖在地上走。他的书包烂得特别快，每年都要换一个书包。妈妈说他是"吃"书包。这一次，在妈妈的指导下，他决定不再选择仅是好看的书包，而是选择很耐磨的书包。最终他选了一个牛津纺的书包。这个书包有多个分层。

书包分为两个空间，可以区分为主课区域和其他课区域。内壁还有两个带松紧口的内兜，可以放一些比较小的重要物品。书包外面还有一个兜，可以放第二天需要交给老师的作业。这样就不会每天交作业时翻找整个书包了。书包的外部两侧，还有带松紧口的网袋，可以盛放水杯、跳绳等。

整理能手做分析

这样选择的优点是＿＿＿＿＿＿＿＿＿＿＿＿＿＿＿＿＿＿＿＿＿

我的建议是＿＿＿＿＿＿＿＿＿＿＿＿＿＿＿＿＿＿＿＿＿＿＿＿

原因是＿＿＿＿＿＿＿＿＿＿＿＿＿＿＿＿＿＿＿＿＿＿＿＿＿＿

王文静是一个初中生。这学期学校开设的课程很多，她以前的书包只有一个大空间，经常被各种课本、练习册、作业本等塞得满满的，找东西非常麻烦。而且，她放学时间晚，有时天都黑了才放学。有一天晚上，她穿着黑色衣服背着黑色书包放学回家，差点儿被一辆电动车撞到。为此，她特意挑选了一款牛津纺

+PU 材料的护脊书包，不但内部分三层，可以把她的物品分类存放，还非常结实好看。最关键的是，这款书包的正面和侧面还有两个很宽的反光条，有很好的反光效果，有效保证了她天黑行走的安全。

整理能手做分析

这样选择的优点是＿＿＿＿＿＿＿＿＿＿＿＿＿＿＿＿＿＿＿＿＿＿＿

我的建议是＿＿＿＿＿＿＿＿＿＿＿＿＿＿＿＿＿＿＿＿＿＿＿＿＿＿＿

原因是＿＿＿＿＿＿＿＿＿＿＿＿＿＿＿＿＿＿＿＿＿＿＿＿＿＿＿＿＿

合理分类，是科学整理书包的保障。分类的方法有很多种，不能简单地说这种方法是对的，那种方法是错的。但是，一定要选最适合自己的。书包里的物品，主要包括课本、作业本、铅笔盒、水杯、纸巾、跳绳等，请你想一下，应该如何分类整理才更科学呢？

不同类别的物品要放在书包的不同区域，如放课本的区域、放餐巾纸或手帕的区域、放红领巾的区域、放水杯的区域等。

书包里的物品，最需要分类整理的是课本和作业本。低年级阶段，学习科目少，课本也少。我们可以按照课本的大小来整理，把体积大的放在下面，体积小的放在上面，统一把书脊靠左摆放好，再一起平放入书包。再用同样的方法整理作业本，书包里的物品就会摆放得整整齐齐。进入高年级，所学科目越来越多，课本和作业本也越来越多，再用这样的方法整理，寻找课本就不方便了。这时，可以把课本和作业本按照学科来分类，把同一学科的课本、作业本放入一个文件袋，需要找哪门课的东西就找相应的袋子。

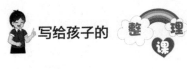
小试牛刀

下面是几个小伙伴在给书包里的物品分类整理时做出的决定，结合上面的提示，你来给点建议吧。

李佳怡上小学一年级了。她的书包内部只有一个大空间。她平时都是把上学需要的东西随手放进去，只要保证在书包里就行。妈妈告诉她，物品放入书包时要整齐，不然课本和作业本的边角会卷起来，严重了还会掉页，影响使用。在妈妈的指导下，李佳怡把课本按照大小整理好，书脊统一在左侧，然后平放入书包。她再按照同样的标准把作业本整理好，放入书包。从此，她再找课本或作业本时，都能快速找到。

整理能手做分析

这样选择的优点是＿＿＿＿＿＿＿＿＿＿＿＿＿＿＿＿＿＿＿

我的建议是＿＿＿＿＿＿＿＿＿＿＿＿＿＿＿＿＿＿＿＿＿＿

原因是＿＿＿＿＿＿＿＿＿＿＿＿＿＿＿＿＿＿＿＿＿＿＿＿

王子墨是四年级的学生。随着学习科目的增多，他从书包里找东西花的时间越来越长。以前把上学用的东西整齐地放入书包就可以很方便地找到。现在科目多了，需要带的物品也多了，再用之前的书包找东西很不方便。于是，他决定换一个书包。他选择了一个有多个空间的护脊书包。因为书包太重，容易影响脊柱发育。他把课本与文具盒整齐地放在书包内的下层，作业本放在上层，红领巾、纸巾、手绢等放在书包外面的一层，水杯放在书包一侧，另一侧放跳绳。这样找东西就方便多了。

整理能手做分析

这样选择的优点是＿＿＿＿＿＿＿＿＿＿＿＿＿＿＿＿＿＿＿＿

我的建议是＿＿＿＿＿＿＿＿＿＿＿＿＿＿＿＿＿＿＿＿＿＿＿

原因是＿＿＿＿＿＿＿＿＿＿＿＿＿＿＿＿＿＿＿＿＿＿＿＿＿

张妙轩是初中二年级的学生。他之前的分层书包现在用起来还算顺手，唯一的不足是课本种类太多，作业本种类也多，要上课时，先找书，再找作业本，每次都

要翻一遍才能找到，很浪费时间。妈妈告诉他，要想办法把同一学科的物品放在一起，这样就方便了。在妈妈的提示下，张妙轩买了几个透明的文件袋，把相同学科的物品放在同一个文件袋里，还在文件袋上贴了一个大大的标签注明学科。上课时，他只需要把相应学科的文件袋拿出来就可以了，这样效率果然提高了许多。

整理能手做分析

这样选择的优点是＿＿＿＿＿＿＿＿＿＿＿＿＿＿＿＿＿＿＿＿

我的建议是＿＿＿＿＿＿＿＿＿＿＿＿＿＿＿＿＿＿＿＿＿＿＿

原因是＿＿＿＿＿＿＿＿＿＿＿＿＿＿＿＿＿＿＿＿＿＿＿＿＿

清除无用的，这个步骤是整理书包的重点。书包的空间是有限的，我们必须科学合理地使用各个区域，让我们的学习生活更加便捷。小伙伴都知道必须把在学校用的学习用品都装入书包。

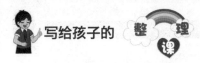
当还有剩余空间时，有的小伙伴就想把自己喜爱的玩具带到学校去玩。学校是学习的地方，与学习无关、影响学习的物品，老师是不允许带入学校的，我们必须狠心地把它们从书包里拿出来。

进入高年级，小伙伴要学习的科目也越来越多，相应的课本、作业本、学科用品也是越来越多。如果把这些都放进书包，那书包就太沉了。这时，我们要考虑一下，到底哪些属于无用的？有些物品虽然是学习用品，但第二天学习用不到，也应该及时取出来。我们要尽量减少书包的重量，提高找物品的速度。

小试牛刀

下面是几个小伙伴在整理书包清理物品时做出的决定，结合上面的提示，你来给点建议吧。

张佳露是一年级的小学生。她是独生子女，父母非常宠爱她，经常给她买各种新型的玩具。每当她拿到新玩具时，总是爱不释手，连睡觉都要搂着玩具睡。有一次，她把玩具偷偷放进书包里，想在第二天课间时玩。没想到，她在上课时，总是想着玩具，因为走神被老师批评了。她在课间拿出玩具时，引起了周围同学的注意，大家都围上来看。后来被老师发现了，最终她心爱的玩具也被老师没收了。老师批评了她，她也充分认识到了错误，以后再也不把玩具放进书包里了。

整理能手做分析

这样选择的优点是＿＿＿＿＿＿＿＿＿＿＿＿＿＿＿＿＿＿＿

我的建议是＿＿＿＿＿＿＿＿＿＿＿＿＿＿＿＿＿＿＿＿＿＿

原因是＿＿＿＿＿＿＿＿＿＿＿＿＿＿＿＿＿＿＿＿＿＿＿＿

赵乐天是三年级的小学生。他有一个分层的大书包。他整理书包时，总喜欢把所有物品都放进去。放学时，他不仅把晚上回家学习用的书本带回去，还把转笔刀、跳绳、水杯、抹布等统统放进书包，学校里一件物品也不留。因此他的书包总是很重。老师告诉他，有些第二天还需要用的物品，在家里用不到，就可以暂时放在学校，比如水杯、抹布等。在老师的指导下，他只把当天回家要用的东西装进书包，书包的重量也减轻了不少。

整理能手做分析

这样选择的优点是＿＿＿＿＿＿＿＿＿＿＿＿＿＿＿＿＿＿＿＿

我的建议是＿＿＿＿＿＿＿＿＿＿＿＿＿＿＿＿＿＿＿＿＿＿＿＿

原因是＿＿＿＿＿＿＿＿＿＿＿＿＿＿＿＿＿＿＿＿＿＿＿＿＿＿

刘子轩是初一学生。他是一个学习很用功的小伙伴。每次上学他把所有课本、练习册都带着，有时还会放上一些课外书，因此书包很重。妈妈每次接他回家时，都会说，"你的书包太重了"。他却反驳说，"我书包里装的都是书，都是有用的"。妈妈告诉他，要学会利用课程表，第二天上学不上的课，书就可以不用装到书包里。刘子轩听了妈妈的建议，果然书包的重量减轻了很多，找东西时也快了不少。

整理能手做分析

这样选择的优点是＿＿＿＿＿＿＿＿＿＿＿＿＿＿＿＿＿＿＿＿

我的建议是＿＿＿＿＿＿＿＿＿＿＿＿＿＿＿＿＿＿＿＿＿＿＿＿

原因是＿＿＿＿＿＿＿＿＿＿＿＿＿＿＿＿＿＿＿＿＿＿＿＿＿＿

用完放回，是科学整理书包的关键。"用完的物品要放回原处！"你是不是经常听到家长和老师这样说？很多小伙伴从书包

里取用物品时很快捷，是因为已经把书包整理好了。如果用完的学习用品，没有及时放回书包，再找时，可能就比较费时间了。这时你会想：要是当时放回书包就好了。是呀，大多数人都不喜欢用完及时整理，认为这是很简单的事情，可以马上就完成，那就先放放吧。结果，这件事就忘了，等再需要某个物品时，就找不到放哪里了。因此，我们要养成用完物品随手放回固定位置的好习惯。

书包里的物品，需要在什么时候进行整理呢？

在学校学习时，每上完一节课，都应该把这节课的课本、作业本放回书包，再把下一节课的课本、作业本等拿出来，摆在课桌上。放学时，除了把本节课用到的物品放回书包，还应把需要带回家的其他物品也一起装入书包。整理完成后，再检查一下课桌，是不是还有落下的物品。

在家里学习时，每做一科的作业，就从书包里拿出相应的学习用品，用完就放回书包，或者放回学习桌上的书架。也可以根据作业情况依次从书包中拿出需要用到的物品，把所有作业都完成后，再根据第二天的课程表和要交的作业，来决定哪些放入书包，哪些放回书架。

小试牛刀

下面是几个小伙伴在把物品及时放回书包时做出的改变，结合上面的提示，你来给点建议吧。

刘一依是一年级的小学生。她没有养成及时整理物品的习惯，总是喜欢随手一放，不等到必须整理时是不会整理的。在学校里，她的课桌上总是堆得满满的。有时她觉得学习受影响了，就把东西全都塞到课桌的抽屉里，等到放学再整理。由于她没有养成好的整理习惯，所以经常落下物品。这一天放学时，她急着去站队，放到书桌里的语文和数学作业都忘了放入书包，等到回家做作业时才发现，这时学校和教室已经锁门了。老师告诉她，整理书包一定要及时，每上完一节课要整理一次。放学时一定要再检查一下书桌和抽屉，不要有落下的。

整理能手做分析

这样选择的优点是＿＿＿＿＿＿＿＿＿＿＿＿＿＿＿＿＿＿＿＿

我的建议是＿＿＿＿＿＿＿＿＿＿＿＿＿＿＿＿＿＿＿＿＿＿＿

原因是＿＿＿＿＿＿＿＿＿＿＿＿＿＿＿＿＿＿＿＿＿＿＿＿＿

王中华是三年级的小学生。他喜欢把所有的学习用品随手放在学习桌上，觉得这样拿东西很方便。结果桌子上摆满了他的学习用品，他用来写字的空间却很小。整理书包时，他都是打量着学习桌，从这边拿一个放入书包，再从那边拿一个放入书包，经常有落下的物品。这一次，他写完作业，把作业本随手放在了桌子边上。等收拾书包时，作业本被一本课外书盖住了，他就没把作业本收进书包。结果第二天妈妈被老师约谈了，是关于他的书包整理的问题。

整理能手做分析

这样选择的优点是＿＿＿＿＿＿＿＿＿＿＿＿＿＿＿＿＿＿＿＿

我的建议是＿＿＿＿＿＿＿＿＿＿＿＿＿＿＿＿＿＿＿＿＿＿＿

原因是＿＿＿＿＿＿＿＿＿＿＿＿＿＿＿＿＿＿＿＿＿＿＿＿＿

王林泽是五年级的小学生。上学时，他喜欢把各种物品摆在课桌上，等到放学再一起整理。这一天，上完美术课，他就把

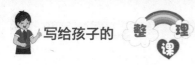

带来的一盒图钉随手放在了桌角。课间活动时，有小朋友跑过他的座位，不小心碰到了桌子，图钉撒了一地。结果扎到了同学的脚。班主任对王林泽进行了严肃的批评，告诉他，及时把不用的物品装入书包是非常必要的。

整理能手做分析

这样选择的优点是＿＿＿＿＿＿＿＿＿＿＿＿＿＿＿＿＿＿＿＿＿＿＿

我的建议是＿＿＿＿＿＿＿＿＿＿＿＿＿＿＿＿＿＿＿＿＿＿＿＿＿＿＿

原因是＿＿＿＿＿＿＿＿＿＿＿＿＿＿＿＿＿＿＿＿＿＿＿＿＿＿＿＿＿

■我的新计划

3. 书桌摆放有条理

一般来说，小伙伴们都是在书桌上学习的。因此，书桌是否舒适，桌面摆放是否有条理，都体现出了整理能力的强弱，在一定程度上还会影响小伙伴的学习。会整理、爱整理的小伙伴，学习往往更有效率。

生活中我们能够见到各种各样的书桌，有木质的书桌、塑料的书桌、金属的书桌，有独立可移动的书桌，还有打造的固定书桌。不管哪种书桌，都是我们学习的地方，上面摆满了我们学习的各种必需品。

教室里，班主任李老师正在召开小范围的家长会，与几位妈妈单独沟通孩子的课桌整理问题。李老师本以为教室里的课桌已经够乱的了，没想到听了几位妈妈的话，才发现只有更乱，没有最乱。

"我家那小子，实在是太没有心了。书桌上总是摆得满满当当的。给他端过去一杯水，都没有地方放。好容易放下，他十有八九就碰倒了，课本、作业本湿了一大片。等整理完书桌，半个小时都过去了。你说这个时间用来学习该多好呀！"一位妈妈忍不住诉苦道。

"就是，就是，昨天我还跟孩子他爸吵了一架。他说我不会教育孩子整理物品，每次进孩子的房间，都看到书桌上的东西乱七八糟的，影响孩子的学习。我正想向您请教呢，我们在家该怎么教育孩子学会整理呢？"

……

回忆一下，你最近一次整理书桌的理由是什么？是被父母逼

迫的，还是自己主动整理的？是看到书桌太乱，不得不整理，还是每天都要整理一次，保持书桌的整洁？如果你是主动每天进行一次例行整理，那么恭喜你，你已经具有良好的整理意识了，而且它在不知不觉间，提高了你的学习效率。

■爱整理，会生活

合适的书桌 + 清除多余物品 + 善用小工具 + 及时整理 = 书桌整理能力

选择合适的书桌，是我们整理书桌的基础。书桌是我们学习的地方，合适的书桌会给我们带来方便，反之，则会给我们带来不必要的麻烦，影响我们的学习，甚至会影响我们的身体发育。因此，选择一个合适的书桌，是非常重要的。

书桌的材料有很多种，有金属的、塑料的、木质的。金属的结实，塑料的轻便，而学校更多采用木质的书桌。

书桌的选择首先要考虑实用。书桌要符合小伙伴日常学习的需要，就得适合写字、阅读、画画、使用电脑。要想同时满足这些需要，书桌的桌面角度就得能够调整。而且，随着小伙伴的成长，要想一直能够达到最佳状态，书桌是否具备升降功能是能否适合小伙伴长大以后继续使用的关键。

选择时，除了要注意书桌的功能性，还要注意安全性。现在市场上书桌的款式很多，可折叠的、斜面的、水平面的、可调节高低的、可扩展桌面的，等等。其中，可折叠的书桌有可能会夹到小伙伴的手，折叠前后桌角也有可能存在安全隐患，因此建议选择桌角是圆弧形的书桌。

符合人体工程学的书桌能够让小伙伴学习起来更加舒适。选择书桌时，设计的桌面倾斜 12 度，阅读板倾斜 60 度，这样可使小伙伴自然坐直，正确舒展身体，阅读方便，更能保护视力。

建议小伙伴选择书桌尺寸列表

书桌高度（厘米）	对应座面高度（厘米）	适合身高（厘米）
64	36	150 以下
67	38	150 ~ 164
70	40	158 ~ 172
73	42	165 ~ 179
76	44	173 以上

小试牛刀

下面是几个小伙伴在选择书桌时做出的决定，结合上面的提示，你来给点建议吧。

李欣要上一年级了，妈妈想把家里的电脑桌给李欣当学习桌用。爸爸坚决不同意，因为小学生在书桌上学习的时间一天在 1~3 小时，况且电脑桌一般是根据成人来设计的，对小朋友来说并不合适。长时间使用，对小朋友的视力、脊椎是有影响的。必须选择一款专门为小学生设计的书桌。于是，他们给李欣购买了一个高度为 64 厘米的木质书桌。

整理能手做分析

这样选择的优点是_____

我的建议是_____

原因是_____

高一璐上四年级了。随着她个子的增高，之前的书桌已经有点儿矮了，使用时她总是弯着腰。妈妈怕她驼背，就准备再买一个书桌。她看中了一个具有折叠功能的书桌，认为这样的书桌设计很有趣。妈妈告诉她，折叠书桌在折叠时，容易夹到手，有一

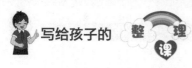

定的危险性。最终，她听从妈妈的建议，选择了一个符合人体工程学的可升降书桌，可以用很长时间而不用再担心影响身体健康。

整理能手做分析

这样选择的优点是＿＿＿＿＿＿＿＿＿＿＿＿＿＿＿＿＿＿

我的建议是＿＿＿＿＿＿＿＿＿＿＿＿＿＿＿＿＿＿＿＿＿＿

原因是＿＿＿＿＿＿＿＿＿＿＿＿＿＿＿＿＿＿＿＿＿＿＿＿

刘美清是一个初中二年级的学生。随着学习任务的增加，她的书桌再怎么整理也是堆得满满的，使用起来很不方便。于是，她决定换一个书桌，能够把各种学习用品都整整齐齐地摆上去。经过一番挑选，她选择了一个尺寸足够大的书桌，不但能够把书本都摆上，还有空间摆上一个小闹钟，可以让她更好地管理时间。

整理能手做分析

这样选择的优点是＿＿＿＿＿＿＿＿＿＿＿＿＿＿＿＿＿＿

我的建议是＿＿＿＿＿＿＿＿＿＿＿＿＿＿＿＿＿＿＿＿＿＿

原因是＿＿＿＿＿＿＿＿＿＿＿＿＿＿＿＿＿＿＿＿＿＿＿＿

清除多余物品，是我们整理书桌的重点。大家都知道，有一个安静的学习环境很重要，但是常常忽略了拥有一张能够让人专心学习的书桌也是必要的。古人云，一屋不扫，何以扫天下。同样，不整理书桌就很难专心学习。你观察过每天都要用到的书桌吗？书桌上的用品长期没有整理，可能会在潜移默化中影响学习效果。

有专家做过研究，人们平均有 30% 的时间没有想他们正在做的事情，甚至有些学生 80%~90% 的时间都在想别的东西。对于小伙伴来说，写作业是比较乏味的，所以很容易被桌上的其他有趣的东西吸引、分神。经常分神，久而久之就容易变为"拖延症"，写一科作业就用掉一晚上的时间，带来的后续影响非常大。

请想一想，你能不能在一张乱糟糟的桌子上写出漂亮美观的字？一时也许可以，长期是不可能的。俗话说，近朱者赤，近墨者黑，小伙伴写字的过程中很容易被桌子的杂乱影响到心态，导致写出来的字越来越乱；而且老师经常发新试卷，如果没有一个整洁的学习环境，很可能会出现试卷全部叠在一起、无法分类的情况。

在清理书桌上的多余物品时，一定要把与学习无关的物品清除出去。小食品虽然很诱人，玩具虽然很喜欢，一些饰品虽然很美，但是这些一定要狠心地清除掉，不然学习时特别容易走神。

色彩鲜艳的文具、带有图案的桌面也是很影响我们注意力集中的，也需要进行更换或者舍弃。同类文具如果过多，也要进行取舍，只保留最需要的在书桌上。与当前无关的学习资料，也要进行整理，并放到适当的位置。

小试牛刀

下面是几个小伙伴在清理书桌时做出的决定，结合上面的提示，你来给点建议吧。

李晓璐是一年级的小学生。新书桌刚摆在她的房间时，非常整齐好看。可是时间长了，她的书桌上渐渐摆满了各种物品。她把喜爱的玩具摆在了书桌上来增加美观；把喜欢吃的零食放在书桌一角，学习饿了可以充饥；把精美的头饰也摆在了一角，方便

取用。学习时，遇到需要思考的问题，她就会抬起头，看到零食拿起来边吃边思考，或者拿起玩具、头饰摆弄一下，时间就这样浪费了。妈妈发现这一点以后，果断地指导她把这些物品清除出书桌。从此，她学习专心多了。

整理能手做分析

这样选择的优点是＿＿＿＿＿＿＿＿＿＿＿＿＿＿＿＿＿＿＿＿

我的建议是＿＿＿＿＿＿＿＿＿＿＿＿＿＿＿＿＿＿＿＿＿＿＿＿

原因是＿＿＿＿＿＿＿＿＿＿＿＿＿＿＿＿＿＿＿＿＿＿＿＿＿＿

　　贾萍萍是三年级的小学生。她特别喜欢卡通形象，不但书桌上贴满了各种可爱的贴纸，书包、文具盒、各种文具也都带有卡通图案。这样的学习环境，看上去非常少女，可是妈妈发现了她学习上的问题。她写作业时，经常看着文具上的卡通图案走神，写作业的时间延长了许多。在妈妈的监督下，她把书桌上的贴纸都取了下来，文具也都换成了纯色、无图案的款式。

整理能手做分析

这样选择的优点是＿＿＿＿＿＿＿＿＿＿＿＿＿＿＿＿＿＿＿＿

我的建议是＿＿＿＿＿＿＿＿＿＿＿＿＿＿＿＿＿＿＿＿＿＿＿＿

原因是＿＿＿＿＿＿＿＿＿＿＿＿＿＿＿＿＿＿＿＿＿＿＿＿＿＿

　　刘晨铭是初中一年级的学生。他的文具很多。光是笔就有很多种，中性笔、钢笔、铅笔，每种笔都得七八支，橡皮三块，直尺两把，三角板更是好几套，都杂乱地插在笔筒里，塞不进去的就放在笔筒旁边。久而久之，笔筒周围堆了一大堆文具。每次需要用文具时，都得在这个区域找一找，才能找到需要的文具。妈妈看到后，告诉他：同类文具，只需要 1 个放在笔筒里就可以。其他文具可以暂时收起来，等需要时再拿。在妈妈的指导下，他的笔筒清爽多了，找文具时也快捷多了。

整理能手做分析

这样选择的优点是＿＿＿＿＿＿＿＿＿＿＿＿＿＿＿＿＿＿＿＿＿＿

我的建议是＿＿＿＿＿＿＿＿＿＿＿＿＿＿＿＿＿＿＿＿＿＿＿＿＿＿

原因是＿＿＿＿＿＿＿＿＿＿＿＿＿＿＿＿＿＿＿＿＿＿＿＿＿＿＿＿

善用小工具，它们是让我们书桌有条理的好帮手。每个人在整理书桌时，总有一种感觉，桌面上的空间不够用，摆着摆着就满了，显得书桌很乱。如果有不同的小工具，把同类物品放在一起，看起来就整齐多了。

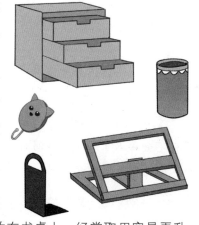

书立，是整理各类书籍的一大"神器"。随着我们逐渐长大，书籍越来越多，如果都平放在书桌上，经常取用容易弄乱。如果用书立把这些书立起来，查找时会很方便。

收纳盒，是整理各种小物品的"神器"。彩笔、墨水、透明胶、双面胶、小剪刀、便笺纸、订书机、燕尾夹等小物品，如果摆在书桌上，会很碍事。可以把这些小东西装入收纳盒，能节省很大空间。

笔筒，是整理各种笔的"神器"。学习时要用到各种不同的笔。如果把它们放在笔筒里，能让我们快速找到需要的笔，不但节省空间，还能使书桌更美观。

阅读架，可以把书立起来，避免了我们抄写时一直用手按压书本，还减少了占用空间，而且可以让我们抬着头看书，避免长时间低头对颈椎造成压迫。

如果书桌前面是空荡荡的墙面，我们可以把墙面利用起来。比如用粘钩悬挂一些物品，也可以把一些收纳的小工具钉在墙面上，节省桌面的空间。

小试牛刀

下面是几个小伙伴在利用小工具整理书桌时做出的选择，结合上面的提示，你来给点儿建议吧。

李国燕是一年级的小学生。她在抄写课文时，都是用手或者胳膊压住课本，很容易把书页弄卷，经常被同学笑话。而且，妈妈发现她只要写作业，头就没有抬起来过，很担心她的身体健康。于是，妈妈给她买了一个阅读架，能够把书立起来，这样书页就不会再卷了。而且抄写时，她不断地抬头看、低头写，让颈椎不断活动，妈妈也不那么担心她的身体健康了。

整理能手做分析

这样选择的优点是＿＿＿＿＿＿＿＿＿＿＿＿＿＿＿＿＿＿＿＿

我的建议是＿＿＿＿＿＿＿＿＿＿＿＿＿＿＿＿＿＿＿＿＿＿＿

原因是＿＿＿＿＿＿＿＿＿＿＿＿＿＿＿＿＿＿＿＿＿＿＿＿＿

陈思宇是四年级的小学生。随着学习任务的增加，他的书桌上的东西越来越多，上面摆着彩笔、墨水、修正带、透明胶、双面胶、小剪刀、便笺纸、订书机、燕尾夹等各种各样的小物品，每一个都有用，但都不常用。这些物品堆在桌面上很乱，散开放又很占空间。为此妈妈为他买了一个书桌上用的小收纳盒，盒子划分了几个小区域，可以把这些物品分门别类地收起来。这样桌面上就整齐多了。

整理能手做分析

这样选择的优点是＿＿＿＿＿＿＿＿＿＿＿＿＿＿＿＿＿＿

我的建议是＿＿＿＿＿＿＿＿＿＿＿＿＿＿＿＿＿＿＿＿＿

原因是＿＿＿＿＿＿＿＿＿＿＿＿＿＿＿＿＿＿＿＿＿＿＿

　　王明浩是初中二年级的学生。他学习的课程很多，每门课都有好几本书。他的书桌上专门用来放书的空间只能摆下一部分书，其余的只好摆在书桌的一角。虽然他也注意整理，可由于取用频繁，用不了多长时间书就又乱了。为此，他让妈妈买了一个可伸缩的书立，可以把所有的书都立起来，整个书桌变得整齐多了。这样不仅节省了空间，也节省了整理书桌的时间。

整理能手做分析

这样选择的优点是＿＿＿＿＿＿＿＿＿＿＿＿＿＿＿＿＿＿

我的建议是＿＿＿＿＿＿＿＿＿＿＿＿＿＿＿＿＿＿＿＿＿

原因是＿＿＿＿＿＿＿＿＿＿＿＿＿＿＿＿＿＿＿＿＿＿＿

　　及时整理，是让书桌有条理的关键。不管谁的书桌，上面都会有很多物品。只是有的书桌看着很整齐，有些书桌看起来有些凌乱。你的书桌属于哪一种呢？如果你有及时整理的习惯，那么相信你的书桌一定是整齐的那个。当一个人养成了及时整理的好习惯，他的行为就具有自觉性，并内化成一种根深蒂固的高尚品格。

　　从哪里来，回哪里去，用完的物品一定要及时放回原处。我

们是不是经常听家长在耳边唠叨："用完放回原处没？"这是因为很多小伙伴在用完物品后，总是认为就一件，不会影响书桌的整洁，就没有及时放回原处。于是，一件又一件，整洁的书桌很快就变得凌乱了。

整理书桌时，要注意区域固定。每个人的书桌，都被小主人划分了不同的区域，用来放置不同的物品。书籍摆在哪里，笔筒摆在哪里，收纳盒摆在哪里……这些物品的位置都是固定的。在平时的整理中，不建议随意进行调整。在每周的大整理时，可以根据需要进行区域调整。

养成整理习惯的最好办法是在固定的时间持续进行整理。对于书桌，最好是每次使用完毕立即整理，这是最省时省力与高效的。就好比当天的作业当天完成，不会因为拖延而完不成。也有的人选择在每天晚上使用完后统一进行整理，每周还要进行一次大整理。

小试牛刀

下面是几个小伙伴在整理书桌时做出的选择，结合上面的提示，你来给点建议吧。

赵飞燕是一年级的小学生。她用完物品喜欢随手扔在书桌上。不等到桌面乱得没法写字，她是不会进行整理的。她不仅在家里这样，在学校里也是这样。她总认为，整理书桌太容易了，不到一分钟就能整理完。那就等等再整理吧。就这样，整理好的书桌，不到两天就乱得找不到东西了。"胶水，妈妈，我的胶水呢？""我的剪刀呢，妈妈给我买剪刀吧。"……明明买了一大盒胶水，明明买了一打剪刀，要用的时候还是找不到。反复买，反复找不着。每次面对这种情况，妈妈都感觉要被气炸了。妈妈严令她，每次用完物品，必须放回原处。不然，就要"家法伺候"。在妈妈的监督下，她慢慢养成了用完物品放回原处的好习惯。

整理能手做分析

这样选择的优点是＿＿＿＿＿＿＿＿＿＿＿＿＿＿＿＿＿＿＿＿

我的建议是＿＿＿＿＿＿＿＿＿＿＿＿＿＿＿＿＿＿＿＿＿＿＿

原因是＿＿＿＿＿＿＿＿＿＿＿＿＿＿＿＿＿＿＿＿＿＿＿＿＿

郑萌萌是小学四年级的学生。她有一个好习惯，用完物品后，大多数情况下能放回原处。所以书桌看上去还是比较整齐的。只是她整理书桌的时间比较随意，想什么时候整理就什么时候整理。所以，有时她的书桌也会很乱，她并没有养成按时整理的好习惯。妈妈告诉她，尽量每次使用完书桌就立刻整理。这样最省时省力，效率也是最高的。她按照妈妈的要求去做，发现果然如此。

整理能手做分析

这样选择的优点是＿＿＿＿＿＿＿＿＿＿＿＿＿＿＿＿＿＿＿＿

我的建议是＿＿＿＿＿＿＿＿＿＿＿＿＿＿＿＿＿＿＿＿＿＿＿

原因是＿＿＿＿＿＿＿＿＿＿＿＿＿＿＿＿＿＿＿＿＿＿＿＿＿

张子涵是初中二年级的学生。她学习用到的书本比较多，有时用完书本以后并不放回原处，而是随手摆在一旁。时间长了，她书立上的书籍越来越少，而旁边随手放的书籍越摆越高，渐渐地摆放书籍的区域就转移到了书桌上。随着一次次的使用，又渐渐转移到了另一处。在这个过程中，书籍占用了她书写的空间，而且显得整个书桌有些凌乱。妈妈告诉她，书桌上每个区域的使用要固定下来，这样才能保证书桌的整齐。

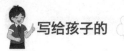写给孩子的 整 理 课

整理能手做分析

这样选择的优点是＿＿＿＿＿＿＿＿＿＿＿＿＿＿＿＿

我的建议是＿＿＿＿＿＿＿＿＿＿＿＿＿＿＿＿＿＿＿

原因是＿＿＿＿＿＿＿＿＿＿＿＿＿＿＿＿＿＿＿＿＿

■我的新计划

4. 书柜里的图书归归类

随着书香校园、书香家庭的创建，书在各个家庭中越来越受欢迎。随着新书的不断购买，家庭的藏书数量也不断增加，因而对书的整理也变得越来越重要。

书柜现在已是家庭中的主要家具之一。很多小伙伴也有属于

自己的书柜，用来专门存放书籍、报纸、杂志等。有的小伙伴总是没有好习惯，书籍乱扔乱放，把自己的学习生活搞得一团糟。如果学会整理书柜，把书分门别类、整齐地放在书柜里，图书的取放也会更便捷。

几位好朋友相约来到崔晓璐家中，参观她的"藏书阁"。

"天哪，你的书柜怎么这么整齐？是为了迎接我们的参观，特意整理的吗？"

"你的藏书好多呀，而且都是成套摆放，看起来太壮观了。我回去也要把书柜好好地整理一下。我每次放书的时候，都是随手一塞。刚开始看不出什么来，时间长了，整个书柜都乱了。想再找一本书，就麻烦多了。"

"我倒是不会把书乱放。可是我所有的书都舍不得扔，家里书柜塞得满满的，一进房间就有一种被压得喘不过气来的感觉，我觉得这样的学习环境对身心发展不利……"

"你有什么好的整理小妙招儿吗？快跟我们分享一下。"

……

请回想一下自己书柜的样子。你认为需要整理一下吗？如果需要整理，是不是它已经影响到了你的使用，或者给你带来了不好的感受？如果不需要整理，是书柜不算太乱，还是你每天都在随手整理？如果是后者，那么说明你已经具备了良好的整理意识，它会让你的生活更加便捷。

■爱整理，会生活

合理留存＋科学分类＋取放便捷＋放回原处＝书柜整理能力

对图书进行合理留存，是我们整理书柜的第一步。书柜是我们用来专门存放书籍、报纸、杂志的工具。伴随着我们的学习，

书柜里的东西越来越多，其中有具有收藏价值的物品，也有一些价值并不大的物品。这时，我们需要对书柜里的物品做出一定的选择，保留有用的，舍弃无用的。

需要保留的图书包括：一些比较贵重、有收藏价值、可能再次阅读的。

需要舍弃的包括：破损严重、不会再看的书籍，时效性较强的报纸、各种试卷、本子等。

一听到要丢掉书柜里的书，有些小伙伴就坐不住了，这可是拿钱买来的呀！

其实，并不是需要舍弃的图书没有价值，而是要思考怎样让它更有价值。对于那些需要舍弃的图书，建议通过以下方法让它们发挥余热。

交换：有些书已经看过，并且不会再看时，可以与同学进行交换，换一本自己喜欢的书。

赠送：对自己来说价值不大的书籍，可以送给亲朋好友，让图书找到更需要它的小主人。

捐献或义卖：对我们来说价值不大的书，可以捐给山区的小伙伴，或者图书室。有时，学校会组织义卖，可以把书卖掉，换成钱，再捐给需要帮助的人。

废品回收：使用过并且不再使用的，别人也无法再次使用的物品，比如试卷、本子、旧报纸等，建议卖掉，用卖掉的钱再购买新的图书。

小试牛刀

下面是几个小伙伴在清理书柜中价值不大的图书时做出的决定，结合上面的提示，你来给点建议吧。

李佳雨是三年级的小学生。她从小喜爱阅读，到三年级已经阅读了两百多本书。她的书柜已经塞不下新书了。于是，她与妈妈商量，打算买一个新的书柜。妈妈说："你的书有一些已经没有必要再保留了。把不会再用的书清理一下，可以腾出许多空间来放新书。"于是，她把幼儿园时候看的一些图画书、一二年级用过的练习册和试卷等挑了出来。这些对她而言已经没有使用价值了。她把这些卖给了废品站。不但书柜腾出了空间，还用卖书的钱又买了几本新书。

整理能手做分析

这样选择的优点是＿＿＿＿＿＿＿＿＿＿＿＿＿＿＿＿＿＿

我的建议是＿＿＿＿＿＿＿＿＿＿＿＿＿＿＿＿＿＿＿＿＿

原因是＿＿＿＿＿＿＿＿＿＿＿＿＿＿＿＿＿＿＿＿＿＿＿

张琳琳是四年级的小学生。她酷爱阅读，家中的藏书非常多。最近，学校发起了向贫困山区小朋友捐赠图书的公益活动。她得知贫困山区的小朋友没有课外书后，决定把自己书柜中的一部分书捐出去。她首先找出幼儿园时的图书、一二年级的带拼音读本，这些书都是她之前非常喜欢的。但是随着年龄的增长，这些书都不再适合她阅读了，还是让这些书去山区发挥应有的作用吧。然后，她又挑出了一部分自己阅读后并不是非常喜欢的图书。这类书她不会再阅读了，也让它们去山区找更好的小主人吧。

整理能手做分析

这样选择的优点是＿＿＿＿＿＿＿＿＿＿＿＿＿＿＿＿＿

我的建议是＿＿＿＿＿＿＿＿＿＿＿＿＿＿＿＿＿＿＿＿＿

原因是＿＿＿＿＿＿＿＿＿＿＿＿＿＿＿＿＿＿＿＿＿＿＿

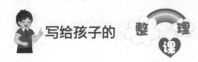

　　刘冠辰是五年级的学生，也是一个有名的"小书虫"。家中有一个大大的书柜，专门用来摆放他的书。亲戚朋友看着他那整整齐齐的藏书，都会忍不住发出阵阵赞叹。叔叔家的一个小弟弟不爱读书。为了培养小弟弟的阅读兴趣，刘冠辰向他展示了自己的书柜，给他介绍了几本有趣的绘本，还讲了几个有趣的故事。小弟弟听得津津有味。临别前，刘冠辰送给小弟弟几本适合他阅读的图书。叔叔一家人都非常感激他。

整理能手做分析

这样选择的优点是＿＿＿＿＿＿＿＿＿＿＿＿＿＿＿＿＿＿＿＿

我的建议是＿＿＿＿＿＿＿＿＿＿＿＿＿＿＿＿＿＿＿＿＿＿＿

原因是＿＿＿＿＿＿＿＿＿＿＿＿＿＿＿＿＿＿＿＿＿＿＿＿＿

　　对图书进行科学分类，是我们整理书柜的基础。每个人的书柜中都摆满了各类图书。如果随意地把图书塞进书柜，不但影响美观，找书时还相当麻烦。要解决这个问题，就必须统一把书脊朝外竖立摆放，还得把图书进行分类。

　　图书分类的标准有多种，可以根据自己的需要来选择。

　　按照图书用途分类：可以分为课本类、工具书类、报纸杂志类、绘本类、课外书类等。

　　按科目分类：越到高年级，同一科目的书就越多。这时可以把同一科目的书归为一类，再分别放入书柜。

这样找书时，会非常方便。缺点是，不同科目的书大小不同，按这种方法整理书柜后，可能不够整齐美观。

按书的大小分类：书的大小有差别。在分类时，可以按照大小来进行排列，再依次放入书柜。这种分类方法适合书比较少的情况，或者同一科目的书比较多，需要再次分类的情况。这样整理书柜会非常美观，缺点是不如按照科目分类找书速度快。

按图书的颜色分类：就是把封面相同色系的书摆放在一起。这样摆放视觉效果非常好，不仅收纳整齐，还能起到装饰作用。缺点是找书时比较麻烦，因此这种分类方法使用较少。

小试牛刀

下面是几个小伙伴在给图书分类时做出的决定，结合上面的提示，你来给点建议吧。

李宇佳是二年级的小学生。他每次向书柜中放书时，都是随手一塞，有时书脊朝外，有时书脊朝内，还有时直接平放在摆好的书上面。过不了几天，他就把妈妈整理好的书柜弄得乱七八糟了。这一天，妈妈看到他的书柜后非常生气，让他自己来整理书柜。好在他的书比较少，整理起来不会太费事。于是他在妈妈的指导下，先把所有的书按照大小、书脊朝外进行排列，再依次放入书柜。这样，整个书柜看起来非常整齐。

整理能手做分析

这样选择的优点是＿＿＿＿＿＿＿＿＿＿＿＿＿＿＿＿＿＿＿＿

我的建议是＿＿＿＿＿＿＿＿＿＿＿＿＿＿＿＿＿＿＿＿＿＿＿＿

原因是＿＿＿＿＿＿＿＿＿＿＿＿＿＿＿＿＿＿＿＿＿＿＿＿＿＿

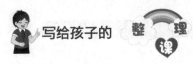

马家豪是小学五年级的学生。由于学习的需要，他的书种类越来越多。除了学校发的各科课本、练习册，还买了各种课外读本、字典词典等工具书，以及订阅的报纸与杂志等。这些都杂乱地堆在书柜中。妈妈让他整理书柜，并指导他，先把书分类，再放进书柜。看着满地的书，他决定把图书分成课本类、课外书类、工具书类、报纸杂志类等几个大类。

整理能手做分析

这样选择的优点是＿＿＿＿＿＿＿＿＿＿＿＿＿＿＿＿＿＿＿＿

我的建议是＿＿＿＿＿＿＿＿＿＿＿＿＿＿＿＿＿＿＿＿＿＿＿＿

原因是＿＿＿＿＿＿＿＿＿＿＿＿＿＿＿＿＿＿＿＿＿＿＿＿＿＿

马晓霞是初中二年级的学生。上初中后，学习的科目越来越多，她看着整整齐齐的书柜，总有一种莫名的烦躁。因为书是按照大小排列的，每次取书，她都得在一列书中挨着去寻找，很浪费时间。她决定按照取用方便的原则重新对书柜进行整理。她首先把所有的图书都搬出来，把图书按照学习科目进行了分类。她发现同一科目的书还是比较多，而且有大有小。她就把同一学科的书再次按照从大到小的顺序进行了整理。完成后，她按照大类分别把书摆进书架。再找书时，果然便捷了许多。

整理能手做分析

这样选择的优点是＿＿＿＿＿＿＿＿＿＿＿＿＿＿＿＿＿＿＿＿

我的建议是＿＿＿＿＿＿＿＿＿＿＿＿＿＿＿＿＿＿＿＿＿＿＿＿

原因是＿＿＿＿＿＿＿＿＿＿＿＿＿＿＿＿＿＿＿＿＿＿＿＿＿＿

取放便捷，是我们整理书柜的重要目标。书柜中存放的图书，有的我们经常阅读，有的较少阅读，甚至长时间不会阅读。整理图书的目的，除了让书柜美观，还要使取放图书方便快捷。请你想一想，影响取放图书速度的因素有哪些呢？

书柜距离我们阅读图书时位置的远近，会影响到我们取放图书。有的小伙伴家中有多个书柜，分别放在客厅、书房、卧室，不同类型的书要根据阅读习惯放在不同的书柜中。如果小伙伴吃完饭，喜欢在客厅沙发上阅读最新的报纸、杂志，那么报纸、杂志最好放在客厅的书柜中。

图书在书柜中位置的高低，影响我们对图书的取放。书柜一般分为好几层，书柜摆放的位置较高时，下面几层图书是取放最便捷的。如果书柜是落地而放的，上面几层图书则是取放最方便的。我们要把最方便取放的一层，留给最常用的图书，这样可以大大节省时间。

我们使用图书的频率，直接影响图书在书柜中的摆放位置。不管书多书少，我们使用的频率总会有高有低，有一部分书是经常翻阅的，比如符合自己兴趣爱好的，或者最新的报纸、杂志，这一类书可以放在最方便取用的一层。有的书是较长时间内都不会翻阅的，可以放在最不方便的一层。

小试牛刀

下面是几个小伙伴为了取放图书更加快捷，在整理书柜时做出的决定，结合上面的提示，你来给点建议吧。

王佳宁是五年级的小学生。他家中的藏书很多，足足装满了三个书柜。可是他在使用时，却发现一点儿也不方便。他吃完饭喜欢坐在沙发上看订阅的杂志，然后与父母交流心得。可是杂志

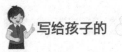

都放在书房的书柜中，每次都得去书房拿，看完再放回书房。在书房学习时，需要用的工具书却放在客厅。睡前想看故事书时，却发现书在书房。妈妈看出了他的不便，指导他把书根据自己的阅读习惯摆入合适的书柜。

整理能手做分析

这样选择的优点是_____

我的建议是_____

原因是_____

董佳璐是二年级的小学生。她家有一个大书柜，比她还要高一些，上下分六层，里面按照大小分类，摆满了图书，看上去非常美观。可是使用时，她却发现一个问题，她喜欢阅读的绘本故事书一般都比较大，被她放在了最高一层，取放书时还得搬个凳子。她的字典等一些小工具书因为块头比较小，被她放在了最下层，每次取放都得蹲下身子。中间几层的图书，她却很少使用。妈妈了解到这个情况后，建议她把图书在书柜中的位置做出调整，于是她把常看的书、常用的工具书放在中间几层，不常看的书放在最上层或者最下层。

整理能手做分析

这样选择的优点是_____

我的建议是_____

原因是_____

李宇佳是初中二年级的学生。他的书柜紧挨着学习桌，里面的书可不少。学校发的课本类占了一层，课外书占了一层，各种工具书占了一层，订阅的杂志、报纸占了一层。书柜中的书都是按照大小排列的，看上去虽然很整齐、很美观，但是他觉得使用不方便。因为找书时，经常从这一层拿一本，从那一层拿一本。为此，他专门从各个分类中，把自己最近常看的书取出来，单独放在最方便取用的一层。这样他感觉取放书时顺手多了。

整理能手做分析

这样选择的优点是_____

我的建议是_____

原因是_____

读完的书要及时放回原处，这是整理书柜的关键。小伙伴们在家中享受阅读带来的快乐时，是不是经常听到父母的唠叨："这本书看完了一定要放回原处。"如果是，那你平时读完书一定没有放回原处。这样的话，用不了几天，满满的书柜就会变得越来越空。应该放回书

柜的书就会散落在各处，不仅影响美观，而且用时再找，也会花费很多时间。因此，读完书一定要放回原处。

图书归还必须有序。书柜整理好后，使用时要尽量保持原状。从书柜中取书读完后，一定要把它放回原来的位置，书脊要

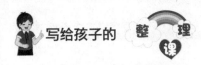
统一朝外。这样下次找书时会非常方便快捷。

图书归还一定要及时。有的小伙伴取出图书后，并不及时放回书柜，而是嫌麻烦，把书随手一放，想有时间再放回书柜，然后这本书就一直"流落在外"。当没有归还的书越来越多时，想要再次整理书柜，就会更加麻烦。因此，一定不要偷懒，用完及时放回，是最高效的整理方法。

小试牛刀

下面是几个小伙伴在将图书放回书柜时做出的改变，结合上面的提示，你来给点建议吧。

胡佳泽是一年级的小学生。他从小喜爱读书，父母也为他专门购置了一个大书柜。他在家中只要闲下来，就会从书柜中抽出书来看，有时在客厅沙发上看，有时在学习桌前看，有时在床上看……不管在哪里，他看完书都会把书随手放在那个地方，从来不把书放回书柜。为此，妈妈说过他很多次，他就是不改。妈妈气急了，再也不帮他整理图书了。三天不到，胡佳泽就发现问题了。书柜变得很空了，书越来越少。家中到处都是他随手乱放的书，想找自己需要的书却怎么也找不到。这时，妈妈再次教导他：看完的书一定要放回原处，下次再找就不难了。

整理能手做分析

这样选择的优点是＿＿＿＿＿＿＿＿＿＿＿＿＿＿＿＿＿＿＿＿

我的建议是＿＿＿＿＿＿＿＿＿＿＿＿＿＿＿＿＿＿＿＿＿＿＿＿

原因是＿＿＿＿＿＿＿＿＿＿＿＿＿＿＿＿＿＿＿＿＿＿＿＿＿＿

孙贺瑞是三年级的小学生。他有一个属于自己的书柜，放在沙发后面的橱子上。他最喜欢的事情，就是坐在沙发上，随手从书柜中取出一本书来，静静地阅读。当他看完一本书，要放回时，却不再那么认真了。他随便在书柜中找个空间把书放下就不管了。这样成套的书就会分散在书柜的各层，找起来会相当麻烦。他有时会把书脊的那一侧朝着里面塞去。这样的后果就是，找书时他也看不出这本书是什么，浪费好多时间。妈妈看到后告诉他，从书柜中拿出来的书，用完必须放回书柜，而且要整理成原来的样子。

整理能手做分析

这样选择的优点是＿＿＿＿＿＿＿＿＿＿＿＿＿＿＿＿＿＿＿＿＿

我的建议是＿＿＿＿＿＿＿＿＿＿＿＿＿＿＿＿＿＿＿＿＿＿＿＿

原因是＿＿＿＿＿＿＿＿＿＿＿＿＿＿＿＿＿＿＿＿＿＿＿＿＿＿

肖羽诺是初中二年级的学生。她爱看书，但是不爱整理。每次读完书，都是把书随手放在一边，想等做完作业再整理，可每次都忘记。直到书桌上摆满了需要放回书柜的书，不得不整理时，她才开始动手整理图书。这时，把散落在各处的书依次摆回原来的位置需要很多时间，远远不如当时随手放回书柜简单快捷。妈妈告诉她，图书看完一定要及时放回原处，如果不方便看完放回书柜，也应该一天整理一次。如果拖延到一周整理一次，那整理起来就很耗费时间了。

整理能手做分析

这样选择的优点是＿＿＿＿＿＿＿＿＿＿＿＿＿＿＿＿＿＿＿＿＿

我的建议是＿＿＿＿＿＿＿＿＿＿＿＿＿＿＿＿＿＿＿＿＿＿＿＿

原因是＿＿＿＿＿＿＿＿＿＿＿＿＿＿＿＿＿＿＿＿＿＿＿＿＿＿

■我的新计划

第三章 整理你的玩具学具

1. 我需要什么样的玩具学具

生活中，小伙伴们每个人肯定都有许多的玩具学具，从最简单的磁力玩具、魔方、七巧板、小手枪、芭比娃娃等，到复杂的乐高拼插玩具、机器人等。伴随着玩具学具融入我们的生活，小伙伴们不断有新奇的发现，不断迸发出独特的创意。

六一儿童节快要到了，几位好朋友在回家的路上谈起了自己的玩具。

"我的玩具可多了，我家有一个房间专门用来盛放我的玩具，有提升智力的，有锻炼身体的……你们有时间的话，到我家去玩吧。"

"真是土豪啊，这么多玩具，还有专门的房间。我的玩具一共就那几个，妈妈美其名曰玩具贵在精致而不在多少。那几个玩具我都玩腻了。我想让妈妈买新玩具，她总是不同意。六一儿童节就要到了，我得抓住这次机会。"

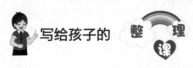

"你别说了，我也不满意我爸妈买的玩具。我拿自己的零花钱买了起泡胶、笑气，结果还没玩，就被爸爸妈妈扔了，真是心疼死我了！"

"起泡胶和笑气，给你扔了也是活该。新闻都报道了，那些玩意儿有毒。"

……

在当今时代，绝大多数家庭的孩子都有着优越的学习和生活条件，他们的成长过程中从未缺乏玩具和学具的陪伴。随着小伙伴的慢慢长大，各种各样的学具更是接踵而至，拥有的玩具也越来越多。但究竟哪些玩具学具才是我们真正需要的，对我们成长有利的呢？

■爱整理，会生活

无毒＋安全＋提升智力＋提升体能＝需要的玩具学具

无毒，是我们选择玩具学具的第一要求。现在市场上的玩具学具形形色色，但是有毒的玩具学具，无论多么好，我们也不能买，否则会给我们的身体造成不可挽回的损伤。那么如何辨别玩具学具是否有毒呢？

最科学、最准确的方法是看玩具学具有没有 3C 认证。3C 认证的全称为"强制性产品认证制度"。有了这个认证，就说明它具备了基础的安全认证，不会对人体产生危害。

有刺激性气味的玩具，请大家尽量不要购买。因为这些玩具大多含有有毒物质。比如常见的起泡胶、软泥等玩具，购买时一定要选择有 3C 认证标志的，没有 3C 认证的玩具，大多含有甲醛等有害物质。

有些玩具是塑料制品，其中有的塑料有毒，人体接触后反应不是特别强烈，症状也不是特别明显。但那些有毒物质对人体的伤害尤其是对小伙伴的伤害是很大的。购买玩具时，可以用手摸一摸。表面摸起来比较光滑，质地比较软，这种塑料一般是无毒的。表面摸起来发涩，就要小心了。

小试牛刀

下面是几个小伙伴在选择玩具学具时做出的决定，结合上面的提示，你来给点建议吧。

魏小雅是一年级的小学生。她在洗澡时喜欢边玩边洗。一天她跟妈妈来到市场上买洗澡玩具，看到小黄鸭后，缠着妈妈马上买了几个。回到家中，在烧水准备洗澡时，妈妈看到电视中正在播放新闻，其中报道说专家检测到玩具小黄鸭中的塑化剂含量，竟然超过国家安全标准364倍。塑化剂会影响人体的免疫系统，对肝脏、肾脏的危害非常大。如果进入血液，还会危害血液系统。洗澡玩具不同于其他玩具，一旦不合格，对小伙伴身体的伤害会更大。因为有害物质在热水中很容易析出，对小伙伴的伤害将不可逆转。妈妈仔细检查了刚买回的小黄鸭，发现没有3C认证，就果断地扔掉了。

整理能手做分析

这样选择的优点是_____

我的建议是_____

原因是_____

闫小乔是三年级的小学生。她看到很多同学都在玩一种软泥。她也想玩，就让妈妈给她买。妈妈给她看了一个关于玩具质量的短视频。视频中，国家质量监督部门的检测报告称，市场上

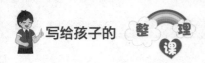

7 款软泥全都因为含有硼元素而不合格。硼砂吸收快，代谢慢，除了会导致急性中毒外，长期接触或者过量摄入，还会造成少年儿童消化系统、内分泌系统、神经系统中毒。看完短视频，她再也不提玩软泥这件事了，还告诉同学们也不要玩软泥。

整理能手做分析

这样选择的优点是＿＿＿＿＿＿＿＿＿＿＿＿＿＿＿＿＿＿＿＿

我的建议是＿＿＿＿＿＿＿＿＿＿＿＿＿＿＿＿＿＿＿＿＿＿＿

原因是＿＿＿＿＿＿＿＿＿＿＿＿＿＿＿＿＿＿＿＿＿＿＿＿＿

曲晓琳是六年级的学生。她看到同学都在玩一种起泡胶。五颜六色的起泡胶非常好看，看上去像是胶水版的橡皮泥，可以通过摔、拉、捏、拽等动作变成各种形状。她也买了一瓶起泡胶玩。可是她发现，开始起泡胶有一种清香，玩了一会儿后，味道就会变得异常刺鼻。她担心这种玩具会对身体产生危害，就去咨询老师。老师告诉她，这种起泡胶大多含有甲醛，而且严重超标，会对身体产生极大的危害。如果已经接触了，那就赶紧用大量水冲洗，以免对身体产生危害。

整理能手做分析

这样选择的优点是＿＿＿＿＿＿＿＿＿＿＿＿＿＿＿＿＿＿＿＿

我的建议是＿＿＿＿＿＿＿＿＿＿＿＿＿＿＿＿＿＿＿＿＿＿＿

原因是＿＿＿＿＿＿＿＿＿＿＿＿＿＿＿＿＿＿＿＿＿＿＿＿＿

安全，是我们选择玩具学具的重要指标。安全责任重于泰山，不管是父母、老师，还是我们自己，都不希望自己因为玩具学具而受到伤害。玩具学具种类繁多，花样不断翻新。在选择玩具学具时，要仔细观察，冷静判断是否有安全隐患。

玩具学具的质量很重要。购买时，要去较大的玩具店，并仔细查看玩具包装上有没有生产厂家、安全标识等。同类产品有不同价位时，建议买价位较高的，质量一般情况下会更好一些。

尽量不要购买有尖、有刃的玩具学具，比如玩具刀、枪、剑、戟、飞镖等，由于小伙伴在玩耍时，力度不容易控制，这时有尖、有刃的玩具容易伤到自己或他人。

尽量不要购买发射类玩具，比如弹弓、弩箭、手枪等。这些都是男孩子喜欢玩的玩具，但是存有潜在的危险。

尽量避免购买有小粒、小球、小零件的玩具学具，尤其是具有吸水膨胀功能的。很多小学生，喜欢把玩具放到嘴里，如果误吸到气管或吞到腹中，后果不堪设想，严重的还得送去医院救治。

尽量避免购买能够发出强光的玩具，如红外线玩具、带有刺眼强光的玩具等，如果长时间盯着强光看，会对眼睛造成伤害，甚至有致盲风险。

玩具气球也有安全隐患。玩具气球一般为橡胶或塑料制品，内充空气或者氢气，色彩艳丽，形状多变。气球爆炸容易给孩子造成伤害。特别是氢气球，如果遇到火焰，还能引起剧烈的燃

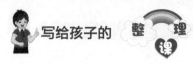

烧。如果气球碎片进入孩子的呼吸道，是很难取出的，直接威胁生命安全。

小试牛刀

下面是几个小伙伴在选择玩具学具时做出的决定，结合上面的提示，你来给点建议吧。

耿春霞是一年级的小学生。这一天她与妈妈去吃烧烤。她看到路边有卖氢气球的，就央求妈妈买一个。妈妈拗不过她，就给她买了一个。在烧烤店里，妈妈与朋友吃饭，她在一旁玩氢气球。玩累了，她就把氢气球绑在桌腿上，气球在空中飘浮着。妈妈的朋友看到了，让她赶紧把氢气球拿走。因为烧烤架附近温度高，容易让氢气球膨胀爆炸。而且里面的氢气会燃烧，非常危险。

整理能手做分析

这样选择的优点是_____

我的建议是_____

原因是_____

王佳明上三年级了。他看到班里的同学们都买了指尖陀螺，而且玩出了花样。他非常羡慕。于是，他用零花钱也买了一个金色的指尖陀螺。这个陀螺四周都是尖尖的，非常好看。陀螺旋转起来就看不到尖了，却能看到一个金色的圆形。老师看到他的玩具后，直接没收了，并给他做了一个演示实验。老师把指尖陀螺转动起来，然后拿起一张纸，慢慢靠近陀螺，只见陀螺直接把纸给割开了。老师告诉他，如果身体不小心碰到旋转的陀螺，皮肤会被割破的。这么危险的玩具不能要。

整理能手做分析

这样选择的优点是＿＿＿＿＿＿＿＿＿＿＿＿＿＿＿＿＿＿＿

我的建议是＿＿＿＿＿＿＿＿＿＿＿＿＿＿＿＿＿＿＿＿＿＿

原因是＿＿＿＿＿＿＿＿＿＿＿＿＿＿＿＿＿＿＿＿＿＿＿＿

满鹏是初中一年级的学生。他是个军事迷，喜欢各式各样的枪。今天他和爸爸去玩具商店买了一把非常炫酷的能发射钢珠子弹的手枪，别提多高兴了。爸爸警告他，钢珠子弹很危险。子弹不可以用，也不可以拿出去玩。满鹏嘴上答应着，趁爸爸不注意，拿着新玩具就去和好朋友炫耀了。他说这是一个威力很大的手枪，子弹穿透力可强了。小伙伴们都想看看到底有多大威力。他说爸爸不让用子弹。小伙伴们都说他在吹牛。这下满鹏可沉不住气了，安上子弹就向一栋楼的外墙上发射。只听"嘭"的一声，随即传来玻璃破碎的声音。不好，满鹏不小心把别人家的玻璃打碎了！很快这家的主人找到了他们。满鹏的爸爸也闻讯赶来。满鹏知道自己错了，向对方道歉，满鹏爸爸也一边道歉一边表示尽快给对方换上新玻璃。满鹏哭着说："爸爸，我错了。我没有听你的话，不应该把这个玩具拿出来玩。"爸爸说："我也不应该给你买这么危险的玩具！"

整理能手做分析

这样选择的优点是＿＿＿＿＿＿＿＿＿＿＿＿＿＿＿＿＿＿＿

我的建议是＿＿＿＿＿＿＿＿＿＿＿＿＿＿＿＿＿＿＿＿＿＿

原因是＿＿＿＿＿＿＿＿＿＿＿＿＿＿＿＿＿＿＿＿＿＿＿＿

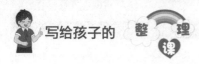

　　有助于提升智力水平的玩具学具，是我们最需要的玩具。购买玩具学具，不能单纯从好玩的角度来考虑，还要考虑是否有助于我们的成长。有的家长认为，贵的就是好的。这种观点过于片面了。也有的家长认为，玩具学具要买一些难度比较高的。其实也不完全是这样。过高的难度会让人望而却步。大多数情况下，我们需要的是一些具有启发性的玩具。

　　拼图类玩具，如七巧板，是中国古代劳动人民的发明。由于它结构简单、操作简便、明白易懂，得以广泛流传。你可以用七巧板随意地拼出自己设计的图样。但如果用七巧板拼出特定的图案，就会遇到真正的挑战。有人统计过，用七巧板可以拼出 1600 种以上的图案。玩七巧板可以培养观察力、想象力、形状分析能力、手眼协调能力、创意逻辑思维等。

　　旋转类玩具，如魔方。经典的魔方是三阶魔方。要把 6 个面的 9 个贴纸转为同一色，这可不是一件轻松的事情。魔方的还原过程是一个观测、动作、思维集于一体的过程，而且在快速还原过程中必须保持注意力的高度集中、手部运动的协调及思维的高速运转。现在很多地方都开展了魔方竞赛。

　　拼插类玩具，如乐高积木、磁力玩具等，小伙伴可以根据自己的想象自由组合拼插，在拼插过程中锻炼想象能力、协调能力、

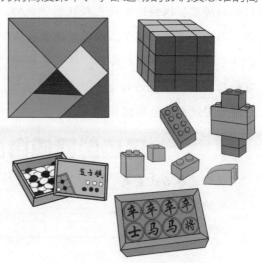

专注力等。而且，这类玩具适于不同年龄段，每个年龄段的人都可以从中找到自己的乐趣。

棋类玩具，如五子棋、围棋、跳棋、象棋等，这些棋类有助于智力开发，得到了人们的普遍认可。

小试牛刀

下面是几个小伙伴在选择玩具学具时做出的决定，结合上面的提示，你来给点建议吧。

陈君豪是一年级的小学生。他精力太过旺盛，总是在不断地奔跑、叫喊，很难安静下来。妈妈想买一些能让他静下心来，不大喊大叫的玩具。这天妈妈带他来到玩具店，在七巧板专区，他看到七巧板能够摆出各种各样的造型，非常惊讶。他被七巧板吸引住了。于是，妈妈就给他买了七巧板。回家后，他就不断挑战七巧板的各种造型。慢慢地，他变得安静了。

整理能手做分析

这样选择的优点是＿＿＿＿＿＿＿＿＿＿＿＿＿＿＿＿＿＿＿＿＿

我的建议是＿＿＿＿＿＿＿＿＿＿＿＿＿＿＿＿＿＿＿＿＿＿＿＿＿

原因是＿＿＿＿＿＿＿＿＿＿＿＿＿＿＿＿＿＿＿＿＿＿＿＿＿＿＿

邱海峰是四年级的小学生。一次班内将要开展魔方大赛。听到这个消息后他很兴奋，他让妈妈买了一个三阶魔方，在家苦练。从拼出一面到拼出六面，从半个小时到1分钟，他不断尝试、不断练习，不断提升自己的极限速度。最终，他在班级的魔方大赛中以12秒的成绩夺得了冠军。从那以后，他感觉自己只要专心、努力，没有什么事情可以难倒他。在这种精神鼓舞下，他的学习成绩也在不断提升。

整理能手做分析

这样选择的优点是＿＿＿＿＿＿＿＿＿＿＿＿＿＿＿＿＿＿＿

我的建议是＿＿＿＿＿＿＿＿＿＿＿＿＿＿＿＿＿＿＿＿＿＿＿

原因是＿＿＿＿＿＿＿＿＿＿＿＿＿＿＿＿＿＿＿＿＿＿＿＿＿

丁向霞是初中一年级的学生。爸爸整天说她做事情只看眼前，不考虑后果。后来，爸爸给她买了一副象棋。趁着假期，父女二人在棋盘上厮杀起来。由于她只看到眼前的局势，经常被爸爸杀得片甲不留。爸爸告诉她，下棋至少要多看一步。如果自己这样走，对方会怎么走，自己又该怎么应对。真正的高手，下棋时都能提前看到好几步。在爸爸的指导下，慢慢地，她做事也开始变得考虑长远了。不久，她下棋终于能与爸爸打个平手了。

整理能手做分析

这样选择的优点是＿＿＿＿＿＿＿＿＿＿＿＿＿＿＿＿＿＿＿

我的建议是＿＿＿＿＿＿＿＿＿＿＿＿＿＿＿＿＿＿＿＿＿＿＿

原因是＿＿＿＿＿＿＿＿＿＿＿＿＿＿＿＿＿＿＿＿＿＿＿＿＿

有助于提升体能水平的玩具学具，是我们需要的玩具。健康的身体是我们学习生活的基础。我们选择玩具时，可以从锻炼身体的角度来考虑，使玩具在提升体能的同时，还能改善血液循环，促进生长发育。有研究证明，运动能增加大脑的供血，改善大脑血糖和氧的供应，促进脑细胞的新陈代谢，使大脑清醒，提高学习效率。

跳绳，是一项历史悠久、全面普及的大众运动。它是有助于我们保持体态的健身运动，能有效地训练个人身体的平衡感、协调性、敏捷度、节奏感、耐力和爆发力。

跳舞毯，是一项不错的有氧运动玩具。它是在室内进行，不受天气、时间的限制，而且玩法比较简单，只需要配合音乐踩下相应的箭头即可，可以提升体能，增强节奏感。

各种球类，如篮球、足球、乒乓球、羽毛球等，这些球类运动都可以帮助我们锻炼身体，提升体能，还能提高反应能力、团结协作能力。

小试牛刀

下面是几个小伙伴在选择玩具学具时做出的决定，结合上面的提示，你来给点建议吧。

夏天豪是一年级的小学生。他的班级为了激励同学们提高身体素质，决定举办跳绳比赛。于是他与妈妈来到商店购买了一个可以自动计数的跳绳。回到家后，在妈妈的指导下他开始练习跳绳。刚开始练时，他的手和脚总是不协调，不是手摇绳摇得太快，就是脚跳得太早了，连一个也跳不起来。但他并不灰心，经过不断练习，他终于完成了从 0 到 1 的突破，并且越跳越多。最后他已经能够在 1 分钟内跳 100 多个了。妈妈夸他现在手脚的协调能力越来越强了！

整理能手做分析

这样选择的优点是 _____

我的建议是 _____

原因是 _____

方晓琳是四年级的学生。她的体重有点儿超标，这让她有点儿自卑。于是她立志把体重减下来。她用自己的零花钱买了一个

跳舞毯。连接电视后，她开始跟着音乐的节奏跳起来，上、上、左、下、右、左……刚开始，她总是跟不上音乐的节奏，跳一会儿就累了。但是为了减肥成功，她努力坚持每天锻炼 30 分钟。不久，她一口气运动 30 分钟也不会感到气喘吁吁跳不动了。而且她越跳越能卡住音乐的节奏，乐感也在不断提升。她相信，只要坚持下去，体重一定会降下来。

整理能手做分析

这样选择的优点是＿＿＿＿＿＿＿＿＿＿＿＿＿＿＿＿＿＿＿＿＿

我的建议是＿＿＿＿＿＿＿＿＿＿＿＿＿＿＿＿＿＿＿＿＿＿＿＿

原因是＿＿＿＿＿＿＿＿＿＿＿＿＿＿＿＿＿＿＿＿＿＿＿＿＿＿

常芳晓是初中二年级的学生。为了在中考体育中取得满分的好成绩，她要提升自己的体能。经过与同学讨论，她们决定一起打篮球。刚开始，她们凭着一股冲劲儿，在篮球场上左冲右突，挥霍体力。但是她们的体能很快就跟不上了，打球的节奏也慢了下来。经过一段时间的锻炼，随着打球次数的增多，她们能够保持高强度运动的时间也越来越长，团队成员间的配合也越打越顺。并且她们每次打球都会赢得一些粉丝的围观。

整理能手做分析

这样选择的优点是＿＿＿＿＿＿＿＿＿＿＿＿＿＿＿＿＿＿＿＿＿

我的建议是＿＿＿＿＿＿＿＿＿＿＿＿＿＿＿＿＿＿＿＿＿＿＿＿

原因是＿＿＿＿＿＿＿＿＿＿＿＿＿＿＿＿＿＿＿＿＿＿＿＿＿＿

■我的新计划

2. 留下重要的，扔掉诱惑的

小伙伴，你家中的玩具是不是越来越多，遍布家庭的各个角落，已经严重影响了家庭的整洁？如果是，那就是应该整理自己玩具的时候啦！哪些玩具是对自己有益的，哪些玩具是对自己有害的，哪些需要留下，哪些需要扔掉，你知道吗？

在一个温暖的下午，几位妈妈在楼下小广场聊天，话题不知不觉引到了孩子整理玩具学具上。

"家里实在是太乱了，仔细看了看，全都是孩子的玩具学具。我勒令他自己整理一下，把该扔的必须扔掉，该留下的全都摆放

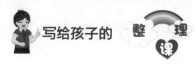
好。你猜他怎么整理的？那些有安全隐患的玩具，他竟然一个也没扔掉，反倒是我觉得该保留的，他倒是给我扔了不少。"

"我那姑娘挺省心的。我跟她讲了一些玩具可能带来的危害，她自己就果断地扔掉了那些有安全隐患的玩具。这下子我也放心不少。"

"我家孩子也是，那些重要的玩具都留下了。一些有诱惑性的玩具，在我们多次沟通之后，他也愉快地同意处理掉了。孩子

其实是很懂事的，只要我们跟他好好沟通，他会明白我们的良苦用心的。"

……

随着社会的不断发展进步，人民生活水平的不断提升，小伙伴们都能拥有各种各样的玩具，而这些玩具，对你的成长真的有益吗？小伙伴们，请想一想，你的玩具当中，有没有纯粹是浪费你的宝贵时间，对成长没有好处的呢？如果你发现有，说明你已经能够理智地对待你的玩具学具了。

■爱整理，会生活

对成长有益的＋不伤害身体的＋清理容易上瘾的＋清理与年龄不相符的＝适合的玩具

对成长有益的，是我们需要保留的玩具。随着年龄的增长，我们的玩具越来越多，它们在家中会占用太多的空间。如果再不进行整理，就会严重影响我们的学习与生活。那就对它们做出抉择吧，扔掉一部分不需要的玩具，把宝贵的空间还给我们。从哪些方面来判断一个玩具是该留下，还是该舍弃呢？

首先看玩具学具是否完好，如果已经破损，看一下能否修复。如果无法修复，还是早点儿清理掉。留着它只会占用空间，而不会给我们提供任何价值。

其次看玩具学具是否有助于提升智力水平。像七巧板、魔方、乐高积木、各种棋类，都可以提升智力水平，可以留下。而像玩具手枪、玩具小车，对我们成长的益处并不大，可以果断舍弃。

最后看玩具学具是否可以提升我们的身体机能。像跳绳、跳舞毯、篮球、足球、乒乓球、羽毛球等，在使用时，可以锻炼我们的身体，让身体更健康，是应该保留的。

小试牛刀

下面是几个小伙伴在选择玩具学具时做出的决定，结合上面的提示，你来给点建议吧。

张丰毅是二年级的小学生。他从婴儿时期开始到现在所有玩具都留着，装满了整个儿童房。其中已经破损、不能玩或者不适合现在的他的玩具，有将近一半。妈妈要求他必须进行整理，扔掉不能用的玩具，腾出空间来放置新玩具。于是，他把已经破损、不能使用的玩具，全都进行了清理，给儿童房腾出了大量空间。

整理能手做分析

这样选择的优点是＿＿＿＿＿＿＿＿＿＿＿＿＿＿＿＿＿＿＿＿＿＿

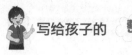

我的建议是＿＿＿＿＿＿＿＿＿＿＿＿＿＿＿＿＿＿＿＿＿＿

原因是＿＿＿＿＿＿＿＿＿＿＿＿＿＿＿＿＿＿＿＿＿＿＿＿＿

龚淑华是四年级的学生。她家中的玩具已经很多，需要进行清理了。她在思考哪些玩具需要保留。她看到一个多年前买的芭比娃娃，已经很久没有玩过了，而且以后也不想再玩。它放在那里除了怀旧之外，并没有其他价值，于是她果断进行了清理。她又看到乐高玩具，虽然已经很久没有玩了，但是每次玩的时候，她都能静下心来全身心地投入。她有时还会根据自己的想象进行自由拼插。她发现乐高玩具对培养想象力、专注力有帮助，就保留下来了。

整理能手做分析

这样选择的优点是＿＿＿＿＿＿＿＿＿＿＿＿＿＿＿＿＿＿＿＿

我的建议是＿＿＿＿＿＿＿＿＿＿＿＿＿＿＿＿＿＿＿＿＿＿＿

原因是＿＿＿＿＿＿＿＿＿＿＿＿＿＿＿＿＿＿＿＿＿＿＿＿＿

冯旭彤是初中一年级的学生。她的玩具已经塞满了两个大的收纳箱。她决定对玩具进行整理。家中的跳舞毯，已经很久没有用了，但是每次跳的时候，都能让自己大汗淋漓，放松身心，绝对是锻炼身体和释放压力的好工具。她犹豫了片刻，决定保留下来，虽然占用空间比较大，但是对自己还是很有用的。等她想锻炼身体时，可以拿出来使用。

整理能手做分析

这样选择的优点是＿＿＿＿＿＿＿＿＿＿＿＿＿＿＿＿＿＿＿＿

我的建议是＿＿＿＿＿＿＿＿＿＿＿＿＿＿＿＿＿＿＿＿＿＿＿

原因是＿＿＿＿＿＿＿＿＿＿＿＿＿＿＿＿＿＿＿＿＿＿＿＿＿＿

不伤害身体，是我们保留玩具的一项重要标准。一个玩具无论多么好玩，无论我们多么喜欢，一旦发现它会危及我们的身体健康，就要毫不犹豫地舍弃。那么，我们应该从哪些方面观察它是否会伤害我们的身体呢？

闻气味，如果有刺鼻的气味，就要小心了。它可能含有一些有害物质，会对我们的身体造成伤害。最常见的一种有毒物质就是甲醛，会对我们的身体造成无法逆转的伤害。

有凸起的尖部或刀刃的玩具可能会割伤我们，最好不要留下。如果一不小心伤到自己或者他人，留下疤痕，将是永远的痛苦。有些玩具的锋利部分会用其他材料遮挡起来。当遮挡的材料不牢固或者掉落时，一定要果断舍弃，避免给自己带来伤害。

弹射类的玩具，比如手枪、弹弓等，都具有一定的危险性。我们虽然会尽量避免伤害别人，但总有不小心的时候。每次事故，都会伴随着伤者的痛苦和玩具主人的后悔，希望小伙伴果断舍弃。

玩具可能伤害我们身体的方面有很多，需要我们用心观察，保护好自己。

小试牛刀

下面是几个小伙伴在整理玩具学具时做出的决定，结合上面的提示，你来给点建议吧。

孙凤霞是二年级的小学生。她看到很多同学都在玩太空沙，就忍不住让妈妈在小区门口的小摊上买了一份。她打开太空沙，

扑面而来的是一股清香之气。她感觉这应该是安全的玩具。可是，玩了一段时间，她发现太空沙的香味没有了，慢慢地散发出一股怪怪的味道。她想起妈妈讲过的安全知识，担心太空沙有问题。她找来包装盒，发现上面没有3C认证。这是三无产品。于是，她果断地把太空沙扔掉了。

整理能手做分析

这样选择的优点是_____

我的建议是_____

原因是_____

马浩龙是四年级的小学生。他看到家中的玩具太多了，就决定进行玩具整理。有一个喷水枪，末端的保护套已经脱落，露出了里面的金属壳，非常锋利，很容易割伤手指。于是他果断地把喷水枪扔掉了。还有一把刻刀，刀柄的塑料部分老

化脱落了，有一部分刀刃露在外面。用手去拿，不小心就会割伤手指，非常危险。他也果断地扔掉了。

整理能手做分析

这样选择的优点是_____

我的建议是_____

原因是_____

吕浩东是五年级的学生。他从小酷爱各种射击类玩具，家中有弹弓、弩箭、牙签弩、射击枪等各种玩具。一天，他在家中玩弩箭时，把妈妈最喜爱的衣服划破了，还差点儿把妈妈的脸划伤。妈妈发火了，勒令他把家中有安全隐患的玩具统统清理掉。于是，他的射击类玩具全都被清理掉了。

整理能手做分析

这样选择的优点是_____

我的建议是_____

原因是_____

容易上瘾的，我们应该理智地进行清理。随着科学技术的不断发展，电子玩具越来越多地出现在小伙伴的视野中，其中各种类型的游戏机更是吸引了大家的注意力。游戏机中的游戏在设计上充分考虑到小伙伴们的心理特点，让大家对其爱不释手，非常容易上瘾。对这种游戏机，我们要提高警惕，避免沉溺其中。

俄罗斯方块是一款消除类小游戏，由于操作简单，特别容易上手，吸引了很多小伙伴的目光。市场上有专门的俄罗斯方块游戏机，只有手掌大小，非常受小伙伴的欢迎。这种玩具玩起来很容易上瘾，让人不知不觉沉迷其中。

PS、Xbox 是世界知名的游戏机，游戏内容丰富，画质清晰，音效突出，便携性强，已经走进了很多游戏爱好者的家庭。这种游戏机，别说小伙伴，就是大人也特别容易上瘾，在它身上浪费无数的时间。

街机游戏机虽然体积比较大，但是由于游戏内容很刺激，也被一些家庭买回了家。这种游戏机大多需要较高的操作技巧，诱

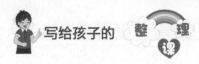

导小伙伴们通过不断地打游戏，来提高游戏技巧，以期待能够顺利通关，很多人不知不觉中就上瘾了。

小试牛刀

下面是几个小伙伴在整理玩具学具时做出的决定，结合上面的提示，你来给点建议吧。

王贺双是二年级的学生。他看到有同学拿着一个手掌大小的游戏机玩得十分投入，就凑过去观看。原来同学在玩俄罗斯方块。他也喜欢上了这款游戏机，就让妈妈买了一个。这下可好，他在家除了吃饭睡觉，就是玩游戏机，经常到很晚才开始写作业。每当妈妈叫他学习时，他都说：等会儿，我马上就过关了。妈妈发现他玩游戏上瘾了，而且严重影响了学习与生活，就果断没收了游戏机，再也没有拿出来过。

整理能手做分析

这样选择的优点是_____

我的建议是_____

原因是_____

崔广涛是四年级的学生。他的家庭比较富裕。去同学家时，他看到同学正在玩 PS 游戏。他被游戏中绚丽的视觉效果吸引住了。游戏情节层层推进，带着他不断地探索未知的领域。同学看他很喜欢，就让他也玩了一会儿。于是，他在同学家一直玩到很晚才回家。回家后，他让妈妈买了一个 PS 游戏机。从此，他的全部心思都放在了游戏上。吃饭、上课时，他也是经常走神，总想着怎么去玩游戏，学习成绩更是一落千丈。妈妈发现他已经彻底上瘾，就把游戏机收起来了。

整理能手做分析

这样选择的优点是＿＿＿＿＿＿＿＿＿＿＿＿＿＿＿＿＿＿

我的建议是＿＿＿＿＿＿＿＿＿＿＿＿＿＿＿＿＿＿＿＿＿

原因是＿＿＿＿＿＿＿＿＿＿＿＿＿＿＿＿＿＿＿＿＿＿＿

王浩臣是初中一年级的学生。他在去同学家时，同学带他一起玩游戏机，这个游戏机和游戏厅里的机型一样，玩格斗类游戏特别过瘾。他和同学一直玩到天色很晚才回家。回家后，他满脑子都是游戏的画面与声音，不断反思着自己游戏中的得与失，结果作业做得一塌糊涂。第二天，他又去同学家里玩到很晚才回家。几天后，他的学习彻底落下了，整个人的精神状态也不好，经常走神。妈妈知道他对游戏成瘾后，就再也没让他去那个同学家里。过了一段时间，他终于恢复了正常。

整理能手做分析

这样选择的优点是＿＿＿＿＿＿＿＿＿＿＿＿＿＿＿＿＿＿

我的建议是＿＿＿＿＿＿＿＿＿＿＿＿＿＿＿＿＿＿＿＿＿

原因是＿＿＿＿＿＿＿＿＿＿＿＿＿＿＿＿＿＿＿＿＿＿＿

与年龄不符的，我们应该进行清理。当家中的玩具越来越多，就有必要进行清理了。清理时，我们要考虑到，这些玩具学具是否适合小伙伴现在的年龄。对不适合当前年龄段的玩具学具要舍弃，以免对小伙伴的身心造成不良影响。

有些小伙伴平时很节俭，小时候玩过的玩具都留着。但是这些玩具肯定不会再玩了。如果有人看到我们玩这些玩具，说不定

还会笑话我们幼稚呢。既然如此，那就把这些小时候的玩具处理掉吧。

有些玩具是带有暴力倾向的，长时间玩这类玩具，会影响小伙伴的价值观，使人也变得暴力。对这种玩具，再喜欢也要狠心清理掉。任何玩具都可以玩出"暴力"的味道。比如男孩子非常喜欢枪，可能随时拿个球棍当枪来比画，这倒无所谓。这种"武器"可以发挥孩子们的想象力，一般也不会伤人。但是装有精细塑料子弹的"仿真枪"就是另外一回事了。

有些玩具造型模仿成熟女性，造型低俗，不堪入目。这种玩具会对小伙伴造成严重的不良影响。因为小学高年级和初中的学生刚刚对性有了一种懵懂的意识，而这种色情玩具就恰好给了他们这种诱惑，容易诱导他们走上犯罪的道路，必须坚决清理。

小试牛刀

下面是几个小伙伴在整理玩具学具时做出的决定，结合上面的提示，你来给点建议吧。

孙双河是三年级的学生。他从小到大的玩具都一直留着，结果玩具占据了卧室的很大一块空间。有他刚出生时的玩具，有上幼儿园时的玩具……后来他觉得这些玩具实在太幼稚了，他再也不想玩了。于是他把这些玩具处理掉了，有些拿去送人，有些拿去捐赠，有些直接扔掉。整理完玩具，他发现房间腾出了许多空间。

整理能手做分析

这样选择的优点是＿＿＿＿＿＿＿＿＿＿＿＿＿＿＿＿＿＿＿

我的建议是＿＿＿＿＿＿＿＿＿＿＿＿＿＿＿＿＿＿＿＿＿＿

原因是＿＿＿＿＿＿＿＿＿＿＿＿＿＿＿＿＿＿＿＿＿＿＿＿

贺军侠是四年级的学生。他从一年级开始酷爱一些伤害性较大的玩具，如金钢爪、特警装备、百变兽王等。妈妈发现后，就不再给他买暴力玩具了。但是爷爷奶奶十分疼爱他，总是千方百计地满足他的需求。所以这类玩具还是不断增加。一天，他和几个同学一起玩耍，一个扮警察，一个扮强盗。结果两个孩子各拿着一把玩具枪打起来了，一发子弹发射出去，打肿了同学的脸。妈妈看到后，把所有的暴力玩具都扔掉了，告诉他："那颗子弹，要是打在同学的眼睛上，就得瞎掉。"

整理能手做分析

这样选择的优点是＿＿＿＿＿＿＿＿＿＿＿＿＿＿＿＿＿＿

我的建议是＿＿＿＿＿＿＿＿＿＿＿＿＿＿＿＿＿＿＿＿＿

原因是＿＿＿＿＿＿＿＿＿＿＿＿＿＿＿＿＿＿＿＿＿＿＿

王铁强是初中二年级的男生。他在学校门口的小摊上看到了一个玩具。这个玩具身段酷似成熟女性，几乎不着寸缕，做着极具挑逗性的动作，但头部是一只小猪，被当作工艺玩具售卖。好几个同学都买了，他也买了一个。回家后，他把它放在卧室，经常盯着这个玩具看。他有时还会用手不断地摩挲它，并因此陷入了胡思乱想。这导致他见到女同学，也会出现不健康的幻想。他发觉了自己的不正常，明白都是这个玩具的原因，就狠心地把它扔掉了。

整理能手做分析

这样选择的优点是＿＿＿＿＿＿＿＿＿＿＿＿＿＿＿＿＿＿

我的建议是＿＿＿＿＿＿＿＿＿＿＿＿＿＿＿＿＿＿＿＿＿

原因是＿＿＿＿＿＿＿＿＿＿＿＿＿＿＿＿＿＿＿＿＿＿＿

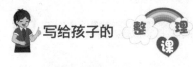

■我的新计划

3. 释放电子产品的内存

随着科学技术的不断发展，电子产品越来越普及，不但让我们的生活更加便捷，也给我们的生活增加了许多乐趣。比如人们的家中，手机、电脑、游戏机、智能音箱、扫地机器人等电子产品随处可见。这些产品给我们带来便利的同时，是否也带来了一些不好的影响？

放学了，几位死党凑到一起，分享在网络中取得的最新成就。

"哎，昨天我在家里玩游戏，我妈突然查岗，吓得我赶紧切换到了一起作业网。幸好手机配置高，不然一个卡顿就露馅了。"

"你玩游戏太投入了，很容易被抓。我在房间里追剧，眼观六路，耳听八方，从来没被发现过。我昨晚刚追完一部电视剧，可有意思了，我推荐你也去看看……"

"直播更有意思，我昨天发现一个女的长得可漂亮了，唱歌也好听，很像咱们班花。我看了一个多小时，把这个月的零花钱都打赏出去了。我又穷了……"

"我刷抖音都是在父母的监督下，开启青少年模式，限时20分钟。这防沉迷功能，他们玩得很溜。"

······

小伙伴们，你数过家里的电子产品有多少吗？有没有感觉到，你的生活已经被电子产品占满了？有没有感觉到电子产品已经严重影响了你的学习与生活？如果是，你有没有考虑控制电子产品给生活带来的负面影响？如果你已经开始对电子产品在生活中的应用进行控制，说明你已经具备了一定的整理意识。

■爱整理，会生活

游戏 + 非学习视频 + 不适合的聊天工具 + 直播 = 需要释放的电子产品内存

各种各样的游戏，需要从我们的电子产品中释放出来。网络的不断发展，电脑、手机运行速度的不断提升，为游戏的迅速发展扫平了障碍。游戏画面效果越来越精美，声音越来越震撼，种类也越来越繁多，只要你想玩，总能找到适合你的游戏。

对战类的游戏现在是网络游戏的主流。最有代表性的就是《王者荣耀》，从小学生一直风靡到成人，男女通杀，无人不知，无人不晓。假若你不知道什么是青铜，什么是王者，那你一定会

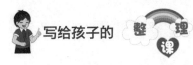

被人鄙视。可是静下心来想一想，我们在游戏中，究竟得到了什么？对我们现在的成长是否有用？好像除了所谓的虚荣心之外，并没有其他价值。

合作类的游戏在网络游戏中也有大量的用户群体。无数人沉迷于网络游戏而不能自拔，偶尔有人想要脱身而出时，总有"战友"相约一起去探索

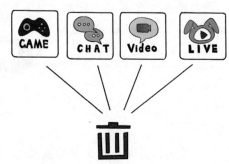

更难的关卡，被友情所羁绊，就这样一直沉迷着。冷静下来想一想，这样的"战友"，真的是你需要的朋友吗？他除了能在游戏中给你带来快乐以外，能给你的学习与生活带来任何帮助吗？答案是显而易见的。

休闲闯关类的游戏，比如《连连看》《天天爱消除》等游戏，在很多轻度游戏爱好者中盛行。他们大多认为，只需要几分钟就可以完成一关游戏，不会浪费自己太多的时间。殊不知，就是因为不需要几分钟就可以通过一关，人们才会一关又一关地闯下去。积少成多，浪费的时间也是很可观的一个数字。

色情暴力类的游戏，这类游戏比较少，但是它的神秘性、暴力性往往让人们心底产生一种自己无法实施的成就感，从而沉迷在虚假的幻想中，久而久之会影响人的性格。因此，这类游戏需要坚决清空。

小试牛刀

下面是几个小伙伴在整理电子产品中的游戏时做出的选择，结合上面的提示，你来给点建议吧。

韩淼萱是二年级的小学生。她经常看到妈妈玩一款叫作《天

天爱消除》的游戏。由于玩法简单，她看了两遍就会了。从此，妈妈在时，她就不断地要求玩手机，或者自己玩，或者与妈妈轮着玩。父母不在家时，她就偷偷拿出平板电脑来玩游戏，一玩就是好久，作业都忘记做了。很快，妈妈就发现她玩游戏上瘾了。只要一有空，她就会玩游戏。于是，妈妈果断地把游戏卸载了。可是没想到，她学会了自己安装游戏，还是挡不住她。妈妈心一横，用外挂玩了几局，游戏平台把韩森萱的游戏账号封了。这样就彻底断掉了她玩游戏的机会。

整理能手做分析

这样选择的优点是＿＿＿＿＿＿＿＿＿＿＿＿＿＿＿＿＿＿＿＿

我的建议是＿＿＿＿＿＿＿＿＿＿＿＿＿＿＿＿＿＿＿＿＿＿＿＿

原因是＿＿＿＿＿＿＿＿＿＿＿＿＿＿＿＿＿＿＿＿＿＿＿＿＿＿

高乐天是四年级的学生。他的同学都在玩《王者荣耀》，并且经常讨论自己的级别从青铜升到白银了，从白银升到黄金了。而他什么也不懂，经常被同学们嘲笑落伍了。他为了不被同学看不起，也下载了游戏，开始了漫漫的升级之路。游戏升级难度比较大，他只要有空，不是玩游戏，就是查阅各种游戏心得。由于大量时间浪费在游戏上，他的成绩一落千丈，被班主任老师约谈了。班主任告诉他，游戏的等级再高，也不会给他的学习与生活带来任何便利。宝贵的时间就这样浪费了实在太可惜。作为小学生，要学会整理自己的时间，用有限的时间去做一些更有价值的事情。

整理能手做分析

这样选择的优点是＿＿＿＿＿＿＿＿＿＿＿＿＿＿＿＿＿＿＿＿

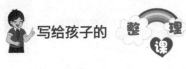
我的建议是 _____

原因是 _____

    王小波是重点中学初二年级的一个男生，他原来品学兼优，善良活泼，还是班干部，最近却突然变得沉默寡言起来。同学一句话说不对，他就举拳相向。不仅如此，对家长和邻居他也是动不动就喊打喊杀。父母有一次居然从他书包里找到一把匕首，可把他们吓坏了。后来，他竟然不再对别人说话了，一直处于沉默状态。在心理医生的帮助下，终于弄明白了，他背着父母悄悄玩了将近一年的暴力游戏。他的头脑已被暴力色情搞得混乱不堪，并且产生了心理紊乱和障碍，已经分不清现实和游戏了。他只好退学进行心理治疗。

整理能手做分析

这样选择的优点是 _____

我的建议是 _____

原因是 _____

    形形色色的各种非学习视频，需要从我们的电子产品中删除。伴随着科学技术的不断进步，各地的网速也在不断提升，人们可以利用各种电子终端来观看视频。原本观看各种教学视频，可以帮助小伙伴不断提高学习成绩，成为学习的助力。可万万没有想到，当看视频缺乏监管时，小伙伴就不再是看学习视频，而是看其他视频，宝贵的学习时间就这样浪费了。都有哪些视频容易让我们着迷呢？

    各种动画片、动漫是小学生最爱的视频种类。动画片中不断涌现的新事物和新话题，让他们觉得很神奇，很容易被动画片中的情景所吸引。特别是动画片中的每个故事情节都是针对小学生的天真心理量身定做的，所以很多小朋友特别沉迷于此。

连续剧是中高年级小学生和初中生最爱看的视频。尤其是他们喜欢的明星出演某个角色时，他们会格外兴奋，非要一口气看完整部电视剧不可。往常看电视，演完一集或几集就不会播放了。可是现在，可以通过电脑、手机等上面的各种视频 App 直接点播，想看哪集看哪集，再也不会出现看几集就不能看了的情况。

色情暴力的视频由于其独特的诱惑性和刺激性而拥有很多粉丝。这些视频内容平时家长不会给孩子看。所以孩子一旦遇到时，就会格外好奇，进而一发不可收拾，容易上瘾。

短视频是刚刚火起来的一种视频形式。这种视频时长较短，语言简洁精练，一般不到一分钟就可以学得一个知识点，完全可以利用碎片化的时间来完成学习。短视频有知识性的、娱乐性的等多种内容。但人们更多的是看娱乐性短视频。所以人们总是在不断地刷视频。自控能力不强的人，一看起短视频来就无法自拔，把时间与精力都浪费掉了。

小试牛刀

下面是几个小伙伴在整理各种视频工具时做出的选择，结合上面的提示，你来给点建议吧。

段小雅是二年级的小学生。她从小就爱看动画片。之前她都是看电视中的动画片，电视每天播完一两集就不播放了。有了平板电脑后，她发现视频软件可以一直播放自己喜爱的动画片。于是她就沉迷于其中，每次看动画片时，就连吃饭、学习、睡觉都忘了。妈妈与她沟通，她说："我知道一直看动画片不好，也知道它会影响学习。但我不看就会难受，看了就会感到心安，现在是

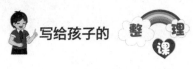

做什么事都无法专心。"

整理能手做分析

这样选择的优点是＿＿＿＿＿＿＿＿＿＿＿＿＿＿＿＿＿＿＿＿

我的建议是＿＿＿＿＿＿＿＿＿＿＿＿＿＿＿＿＿＿＿＿＿＿＿＿

原因是＿＿＿＿＿＿＿＿＿＿＿＿＿＿＿＿＿＿＿＿＿＿＿＿＿＿

冯晓琳是小学四年级的学生。她本来是一个品学兼优的好学生，可是自从用平板电脑追电视剧后，她就变了。她整天浑浑噩噩的，但是一看电视剧就非常狂热，明明知道剧情很老套也控制不住自己，期待着赶紧看到大结局。看完大结局，又感到内心空虚，并不尽兴，就去看另一部电视剧。就这样，她不断刷剧而欲罢不能，已经很久不能专心学习了。她把自己的苦恼告诉了妈妈。妈妈告诉她：整理自己的时间是一项非常重要的技能，明知道是毫无意义的事情，要干脆果断地放弃。

整理能手做分析

这样选择的优点是＿＿＿＿＿＿＿＿＿＿＿＿＿＿＿＿＿＿＿＿

我的建议是＿＿＿＿＿＿＿＿＿＿＿＿＿＿＿＿＿＿＿＿＿＿＿＿

原因是＿＿＿＿＿＿＿＿＿＿＿＿＿＿＿＿＿＿＿＿＿＿＿＿＿＿

黄依依是重点中学初中二年级的学生。她原本是一个精力充沛的阳光女孩。自从手机上安装了短视频软件，她就变得天天黑眼圈，整天哈欠连天。刚开始，她是想用短视频来学习一些知识和技能，提升学习成绩。可是当刷到有趣的短视频时，她就忍不住一个又一个地刷下去。原本计划看十分钟短视频放松一下，结果她一看就是两个小时。晚上，她不看短视频就心痒难耐，一旦打开就看好久，一直到迷迷糊糊地睡着为止。班主任看到她的变化，就与她约谈，告诉她：老师很理解她刷短视频的行为，因为即使成人也未必能控制住自己。但是对于初中生来说，时间太宝贵了，必须学会整理自己的时间。

整理能手做分析

这样选择的优点是＿＿＿＿＿＿＿＿＿＿＿＿＿＿＿＿＿＿＿＿＿＿

我的建议是＿＿＿＿＿＿＿＿＿＿＿＿＿＿＿＿＿＿＿＿＿＿＿＿＿＿

原因是＿＿＿＿＿＿＿＿＿＿＿＿＿＿＿＿＿＿＿＿＿＿＿＿＿＿＿＿

不适合小伙伴的网络聊天工具，需要果断删掉。网络创造了一个虚拟的世界。在这个世界里，每一名成员可以超越时空十分方便地与相识或不相识的人进行联系和交流，讨论共同感兴趣的话题。小伙伴在网上交流、交友的自由化，使交往的领域空前地宽广，极大地开阔了视野。网络是一把双刃剑，我们需要正确地看待它。适度的交流，有助于拓宽人们的思路和视野，有助于提升大家的交流、沟通和协作能力。当我们在网络聊天中过于沉迷时，就会严重影响我们的学习与生活。

有人认为，有些话不适合对身边熟悉的人说，怕被人说三道四，可是在网络上却可以与网友放心去说。因为网友并不与自己的现实生活相联系。这样时间久了，大家就成了无话不谈的好朋友，有什么话都想马上与网友交流，而与身边的人却很少沟通，也就很难成为朋友。这是不利于身心健康的。

有的人之所以迷恋网络聊天，是因为在网络中能够满足他在现实生活中无法满足的一些需求。比如有的小伙伴在现实生活中表现得并不好，可是他在网络中却把自己包装成一个非常优秀的学生，以优秀者自居，满足了自己的虚荣心。有的小伙伴在现

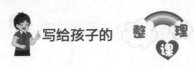

实中，可能因为长相、身材等原因没有人喜欢，可在网络中，却没有人能看到他的样子，他可以把自己包装成明星的样子与人交流，以得到别人的欣赏。

由于网络的虚拟性，我们并不知道与之交谈的究竟是一个怎样的人。网络打破了年龄的界限，突破了学校与家庭的保护，容易与社会上的各种人直接接触，其中不乏一些专门行骗的不良分子，因此小伙伴们要格外小心。

小试牛刀

下面是几个小伙伴在整理网络聊天工具时做出的选择，结合上面的提示，你来给点建议吧。

毛晓峰是四年级的学生。他的家庭条件不好，平时家里人都是省吃俭用供他读书。他总有一种自卑感，感觉家里穷，大家都看不起他，拿一种可怜的眼神看着他。为此，他心里极不舒服，慢慢就变得沉默寡言了。后来他喜欢上了网络聊天。因为在网络中没有人知道他的家庭情况，再也不用担心被人看不起了。甚至他把自己包装成一个富二代，整天与网友吹嘘，以满足他内心的想法，成了整天不住嘴的话痨。

整理能手做分析

这样选择的优点是＿＿＿＿＿＿＿＿＿＿＿＿＿＿＿＿＿＿＿＿＿

我的建议是＿＿＿＿＿＿＿＿＿＿＿＿＿＿＿＿＿＿＿＿＿＿＿＿＿

原因是＿＿＿＿＿＿＿＿＿＿＿＿＿＿＿＿＿＿＿＿＿＿＿＿＿＿＿

张晓璇是五年级的学生。她学习成绩好，说话的声音也很好听，就是个子不算高，还长得有点儿胖，就像一个矮冬瓜。她在班里感到很孤独，没有真正的朋友。后来，她迷上了网络聊天，从此一发不可收拾。因为在网络中没有人知道她的身高体重，只知道她说话的声音很好听，只知道她聪明伶俐、惹人喜爱。可是，她太过于喜欢网络中的生活，慢慢脱离了现实生活。而且她总感觉，一会儿没有网络看不到消息就没有安全感。妈妈知道后，忙带她去找心理专家进行心理疏导。

整理能手做分析

这样选择的优点是＿＿＿＿＿＿＿＿＿＿＿＿＿＿＿＿＿＿＿＿＿

我的建议是＿＿＿＿＿＿＿＿＿＿＿＿＿＿＿＿＿＿＿＿＿＿＿＿

原因是＿＿＿＿＿＿＿＿＿＿＿＿＿＿＿＿＿＿＿＿＿＿＿＿＿＿

张春霞是初中二年级的学生。她是一个活泼开朗、聪明漂亮的女孩子。她在网络上认识了一个网友，不过她从来没有给对方看过自己的照片。但他经常对她嘘寒问暖，关心她的学习与生活，还经常在节日中给她送祝福。这让她逐渐对这个人产生了好感。他们开始无话不谈，逐渐成了知心朋友。有一天，对方约她见面，并一起吃饭。于是她想背着父母去见网友。在她准备出门时，妈妈看出了她与平时不同，就偷偷地跟着她。当她与网友见面时，网友递给她一瓶可乐，她也没多想就喝了下去。没多久，她就头晕眼花晕倒在地。妈妈看到后，赶紧上前救她，并报了警。

整理能手做分析

这样选择的优点是＿＿＿＿＿＿＿＿＿＿＿＿＿＿＿＿＿＿＿＿＿

我的建议是＿＿＿＿＿＿＿＿＿＿＿＿＿＿＿＿＿＿＿＿＿＿＿＿

原因是＿＿＿＿＿＿＿＿＿＿＿＿＿＿＿＿＿＿＿＿＿＿＿＿＿＿

直播平台，需要从我们的电子产品中删掉。直播是最近兴

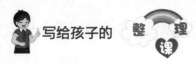

起的一种网络社交方式，各种特色的主播和直播内容让人眼花缭乱。甚至一些明星也加入直播行列。由于在直播间可以和主播聊天互动，给主播打赏礼物获得成就感，很快就吸引了很多人的参与，其中不乏青少年。

直播平台的吸引力对未成年人来说是致命的。因为小伙伴们在直播间可以通过打赏对主播提出要求，比如唱歌、跳舞等，无形中让人产生一种大权在握的支配感，并且很容易沉迷其中。

在打赏过程中，如果有人比自己打赏得更多，会刺激自己刷更多的礼物来捍卫存在感，满足虚荣心。在这种不断攀比中，打赏的金额逐渐增多，最终会超出承受能力。如果不能悬崖勒马，就会造成不可挽回的损失。

小伙伴们是未成年人，还没有自己的劳动收入，是不适合参与直播互动的。如果你的手机上有直播平台，还是果断地删掉吧，除掉无底洞一般的打赏隐患，把看直播的时间用在学习上来提升自己。

小试牛刀

下面是几个小伙伴对待直播工具时做出的选择，结合上面的提示，你来给点建议吧。

董俊熙是四年级的学生。他的手机中有一个直播平台。一次，他打开了直播平台，看到一个主播正在教人弹钢琴，主播长得非常漂亮，说话非常温柔。他就忍不住与主播聊了几句。他发现主播对他非常好。在主播的诱导下，他开始给主播打赏。从最初的几元钱，到几十元，很快他的零花钱就花光了。看到别人都在不断地打赏主播，自己却没钱打赏，他觉得很没面子。于是他开始去偷别人的钱来给主播打赏，最终被班主任发现了。

整理能手做分析

这样选择的优点是＿＿＿＿＿＿＿＿＿＿＿＿＿＿＿＿＿＿＿＿

我的建议是＿＿＿＿＿＿＿＿＿＿＿＿＿＿＿＿＿＿＿＿＿＿＿＿

原因是＿＿＿＿＿＿＿＿＿＿＿＿＿＿＿＿＿＿＿＿＿＿＿＿＿＿

　　焦文秀是五年级的学生。她喜欢唱歌。她在看一个唱歌的短视频时，弹出了歌手正在直播的提示，她就点进去观看。她一进去，主播就对她表示欢迎，还对她嘘寒问暖。这让她感到非常亲切。随后，主播就引导她送一个爱心礼物表达对他的肯定。自从她送出了礼物，主播就经常问她唱得好不好，引导她继续送礼物。很快她的零花钱就用光了。当主播再次要礼物时，她不好意思说没钱，就偷拿妈妈的手机给自己充值。为了不被妈妈发现，她还把银行发送的扣费短信给删了。就这样，她把妈妈银行卡中的三万多元花了个精光。这可是妈妈给姥爷做手术的钱啊。

整理能手做分析

这样选择的优点是＿＿＿＿＿＿＿＿＿＿＿＿＿＿＿＿＿＿＿＿

我的建议是＿＿＿＿＿＿＿＿＿＿＿＿＿＿＿＿＿＿＿＿＿＿＿＿

原因是＿＿＿＿＿＿＿＿＿＿＿＿＿＿＿＿＿＿＿＿＿＿＿＿＿＿

　　岳叶叶是初中二年级的学生。她在一个直播间看到一个长得非常帅气的男主播。彼此问好后，男主播对她温柔又体贴，让她体验到了被帅哥宠上天的感觉。于是她很快就被征服了，开始给他刷礼物，来表达对他的喜欢。可是不久她的钱就花光了。她想不再花钱了，也不再去看直播了。可是男主播却给她留言说：是不是他哪里做得不好，让她不喜欢了。如果还喜欢主播，就来看

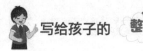 写给孩子的 整理课

他。最终她心软了，又去直播间看他，却没有刷礼物。男主播就用各种语言诱导刺激她。最终她偷偷用妈妈的银行卡充值，给主播刷礼物。有了第一次就有第二次……不知不觉银行卡中的十万元积蓄全都被她花光了。等妈妈发现时，差点儿气晕过去。

整理能手做分析

这样选择的优点是 _____

我的建议是 _____

原因是 _____

■我的新计划

容易上瘾的电子产品要合理使用。

电子产品能提供很多便利。

要学会整理自己的时间。

第四章 整理你的工具箱

1. 整理学习活动工具箱

　　小伙伴们的学习活动越来越多，压力也越来越大。谁都想用最少的时间完成更多的事情。怎样才能提高学习效率呢？工欲善其事，必先利其器，我们想要取得预想的学习效果，就必须做好充足的准备，让学习活动工具发挥最大效果，这样才能事半功倍。看看你的学习活动工具，是整整齐齐地排列在那里随时备用吗？

　　在机器人培训教室里，几个小伙伴正在交流学习成果。

　　"我思考了一晚上，终于想出这个问题的最新解决方案。只要在机器人的头部安装一个距离传感器，咦，我的距离传感器呢？完了，距离传感器忘带了，今天又没法在赛场实践了。"

　　"我也想了一个解决方案，是在机器人的头部安装一个色彩收集器，根据颜色来判断该怎么行动。程序我已经编好了，只需要装上色彩收集器。咦，色彩收集器怎么没有数据反馈呢？难道是昨天摔坏了……"

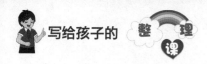

"你们俩上课前都不检查工具箱吗？如果这是比赛，那怎么办？这是我的备用的距离传感器和色彩收集器，你们先拿去用。下次，记得整理好工具箱。"

"工具箱里这么多零件，一个个检查，实在太麻烦了，光整理就得花好长时间。"

"哪里需要那么长时间，很快就能完成，整理工具箱也是有技巧的……"

小伙伴，你的工具箱是否需要进行整理呢？要是关键时刻出现问题，可就麻烦了。如果你的工具箱是整整齐齐的，需要什么都能第一时间找到，那么恭喜你，你已经具备了一定的整理意识。这必将让你的学习活动更加顺利。

■爱整理，会生活

书写工具＋美术工具＋体育工具＋实践活动工具＝学习活动工具箱整理能力

书写工具的整理。书写工具是小伙伴们最常用的学习工具，整理不好会直接影响学习效率。我们的文化课学习，离不开书写记录，甚至阅读时也需要进行圈画批注，因此有人说：不动笔墨不读书。这里的笔墨，指的就是书写工具。书写工具的重要性不言而喻，如何才能让书写工具发挥最大作用呢？有效的整理是关键。

选择质量好的书写工具。好的书写工具，设计合理，使用方便，能提高效率。不好的书写工具，不但不能提高效率，还可能对人造成伤害。因此，要优先选择有质量保证的大品牌书写工具。如果已经买了各种书写工具，就要进行一下筛选排序，优先使用质量好的工具，把质量较差的作为备用。

书写工具用完一定要放回固定位置。书写工具作为最常用的工具，每个家庭中一般都有备用。如果用完不及时放回原处，那么很快就会发现，没几天家中到处都是书写工具，显得特别凌乱。

　　书写工具一定要定期检查是否齐全、可用。从小学中高年级开始，书写工具就不仅仅局限于铅笔，自动铅笔、钢笔、圆珠笔、中性笔、荧光笔等应用于各种不同场合的工具缺一不可。因此，每天晚上整理书包时，要检查一下书写工具是不是全部整理好了，是否还能正常使用。

小试牛刀

　　下面是几个小伙伴在整理书写工具时的做法，结合上面的提示，你来给点建议吧。

　　刘铭宸是二年级的小学生。他的笔有很多，零散地放在学习桌上。妈妈告诉他，平时用到的笔不多，要把质量好的笔挑出来，优先使用。质量不好的笔要舍弃掉，或者放在一旁应急备用。于是，他把几支笔头不容易断的铅笔挑了出来，放在笔筒中。容易断头的几支铅笔则放了抽屉里，平时不再使用。他又把中性笔中下水流畅的挑了出来，放在笔筒中。下水时断时续的笔，收了起来，平时不再使用。他只把擦除效果最好的绘图橡皮放到了笔筒中，其他橡皮都收了起来。

整理能手做分析

这样选择的优点是_____

我的建议是_____

原因是_____

陈雪枫刚买了十支质量很好的中性笔放入笔筒。不到一个星期，笔筒中就只剩下一支笔了。于是，他耗费大量时间满屋子去找散布于家中各处的笔。他在学习桌下面找到两支笔，这是不小心掉下来的。在床上找到一支笔，这是晚上在床上看书时，写心得时用的笔。在客厅找到一支笔，这是让父母检查改错时落下的。在书房找到两支笔，那是借给爸爸用的。在书包底部找到三支笔，这是嫌往文具盒中放太麻烦，直接扔进书包里的。妈妈告诉他：用完的笔，一定要及时放回原处。这样用起来方便，也避免了满屋子找笔的麻烦。

整理能手做分析

这样选择的优点是＿＿＿＿＿＿＿＿＿＿＿＿＿＿＿＿＿＿＿＿＿

我的建议是＿＿＿＿＿＿＿＿＿＿＿＿＿＿＿＿＿＿＿＿＿＿＿

原因是＿＿＿＿＿＿＿＿＿＿＿＿＿＿＿＿＿＿＿＿＿＿＿＿＿

周梦雪上初中以后，文具盒中需要装入各种不同的笔以满足学习的需求。中性笔用来写作业，荧光笔用来在课本上标注重点句段，铅笔用来作图……在一次小测验中，她的中性笔写着写着，竟然没笔油了。幸好同桌有多余的笔，借给她一支。作图时，她发现铅笔竟然是断的。幸好又是同桌借给她笔。考完试，同桌告诉她：上学前，一定要检查学习工具是否带全了，是否能正常使用，最好多准备一支备用，以防万一。

整理能手做分析

这样选择的优点是＿＿＿＿＿＿＿＿＿＿＿＿＿＿＿＿＿＿＿＿

我的建议是＿＿＿＿＿＿＿＿＿＿＿＿＿＿＿＿＿＿＿＿＿＿＿

原因是＿＿＿＿＿＿＿＿＿＿＿＿＿＿＿＿＿＿＿＿＿＿＿＿＿

美术工具是小伙伴必不可少的学习工具，不会整理将会影响正常使用。美术教育越来越受到小伙伴们的喜爱，不少同学不仅在学校中学习美术课程，还报了各种美术班来提升艺术素养。随着美术教育的

普及，各种各样的美术创作工具也就多了起来。

为美术工具准备专用的收纳工具。美术工具比较多，铺开来会占用大量空间，需要用工具袋来整理。可以选一个大的工具袋，把所有工具都收进去。这样虽然所有工具都在一起，可是要找某个工具时，翻找起来特别麻烦。这时，可以把所有工具进行分类整理，如把绘画类工具放在一个袋子中，把手工类放在另一个袋子中。

选择安全健康的工具。安全是我们选择学习工具的基本标准。有安全隐患的美术工具，我们宁可不要。比如，剪刀是美术课堂中的常用工具。尖头的剪刀特别容易把收纳工具戳破，一不小心就会伤人，因此尽量不要选用。我们应该选择圆头的剪刀。比如彩泥，要买大品牌，质量有保障的，不要买小摊上的三无产品。因为三无产品里面大多含有有害物质，影响健康。

定期检查补充。美术工具大多属于易耗品，像彩泥、刮画纸、卡纸等工具，检查时重点关注数量有多少。当数量不足时，提早补充，不要等到上课前才发现不够用。水彩笔、蜡笔等工具，要定期检查是否能正常使用，不要出现使用时发现水彩笔不下水的窘况。

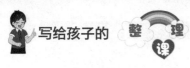

小试牛刀

下面是几个小伙伴整理美术工具时的做法，结合上面的提示，你来给点建议吧。

王铭昊非常喜欢美术。他除了在学校认真上美术课，还在校外报了美术特长班。时间长了，他的美术工具非常多。光绘画用的铅笔、彩笔、蜡笔、水粉颜料、墨汁等就不少，还有做美术手工用到的剪刀、天空泥、卡纸等，占据了学习桌的很大一部分空间。为了合理利用空间，他找来一个收纳箱和几个袋子，把所有手工类用品放到一个袋子里，把学校里绘画常用的彩笔、马克笔放到一个袋子里，把美术特长班学国画用的国画颜料、毛笔、调色盘、笔洗、生宣纸等放入一个袋子里。然后他再把所有袋子装入收纳箱。这样就节省了大量空间，找东西还方便了许多。

整理能手做分析

这样选择的优点是＿＿＿＿＿＿＿＿＿＿＿＿＿＿＿＿＿＿＿

我的建议是＿＿＿＿＿＿＿＿＿＿＿＿＿＿＿＿＿＿＿＿＿＿

原因是＿＿＿＿＿＿＿＿＿＿＿＿＿＿＿＿＿＿＿＿＿＿＿＿

冯志学非常喜欢美术的手工课。他最喜欢把卡纸剪成各种造型的成就感。这一天美术课上，他又拿出了剪刀，开始剪卡纸。忽然，前面的同学撞了他的书桌一下，他手中的剪刀也被桌子撞得戳在手上，划破了手指，鲜血马上就流了出来。美术老师赶紧拿来碘伏给他消毒。老师告诉他，尖头剪刀很危险，一不小心就会伤人。做手工，尽量使用圆头剪刀。他也很后悔，如果用的是圆头剪刀，他就不会受伤了。

整理能手做分析

这样选择的优点是＿＿＿＿＿＿＿＿＿＿＿＿＿＿＿＿＿＿

我的建议是＿＿＿＿＿＿＿＿＿＿＿＿＿＿＿＿＿＿＿＿＿＿

原因是＿＿＿＿＿＿＿＿＿＿＿＿＿＿＿＿＿＿＿＿＿＿＿＿

　　华明君是班上的美术课代表。她从来不会忘带美术工具，带的工具也从没出现过不能使用的意外。美术老师让她介绍经验：美术工具那么多，怎么整理的？她说，美术工具要有自己固定的位置，定点存放。关键是要按时检查美术工具是否齐全，像彩泥、刮画纸这类用一次就少一些的工具，至少要一周检查一次。当用品不多时，要及时补充。不能等到晚上才想起来买美术工具，因为这时商店都关门了。此外，还要检查美术工具是否可用，不能带着无法使用的工具去上课。

整理能手做分析

这样选择的优点是＿＿＿＿＿＿＿＿＿＿＿＿＿＿＿＿＿＿

我的建议是＿＿＿＿＿＿＿＿＿＿＿＿＿＿＿＿＿＿＿＿＿＿

原因是＿＿＿＿＿＿＿＿＿＿＿＿＿＿＿＿＿＿＿＿＿＿＿＿

　　体育工具的整理。近年来，随着国民素质的不断提升，大家对身体素质的要求也越来越高。各种各样的体育活动开始在校园内外普及开来。为了方便小伙伴锻炼身体，每个家庭都准备了一些体育器械。时间长了，家中的体育器械越来越多，摆放在家中各处显得格外凌乱。这时就需要进行整理。

　　设置专用的体育器械收纳区或者收纳工具箱。篮球、足球、乒乓球、跳绳、毽子、拉力器、仰卧起坐机、跑步机等器材分布

在家中各处，显得很凌乱。如果家中空间宽敞，可以划定一个区域作为体育锻炼区。各种体育器械都放在这里，整齐而有条理。如果空间不够宽敞，可以把各种体育器械放在一个大的工具箱内。需要哪个就拿哪个，这样家中会非常整齐。

　　准备体育器材的维修工具。家中有球类器材，一定要准备一个打气筒和气门针。因为再好的球时间长了也会跑气。这时就需要给球充气了，不然会影响使用。还要准备多种螺丝刀，体育器械的螺丝松了，要靠它来加固，否则会出现安全问题。此外，强力胶也是必备的维修工具。

　　体育器械一定要选质量好，安全有保障的。体育器械如果质量不过关，很容易伤到人。因此产品质量非常重要，尤其是承受力量比较大，或者体积比较大的器械。例如跑步机，一定要选择质量可靠的，否则一旦发生意外，就会使人受伤。

小试牛刀

　　下面是几个小伙伴在整理体育工具时的做法，结合上面的提示，你来给点建议吧。

　　赵天明长得有点儿胖。家人让他运动减肥。于是，家中的体育器械逐年增加。足球、篮球、羽毛球、跳绳、毽子、仰卧起坐辅助器、跑步机等都配齐了，在家中占据了不少空间。他决定对这些体育器械进行整理。家中的阳台比较大,征得父母同意后,他把阳台改造成了体育训练室。跑步机放在阳台最靠边的位置,方便大家使用。他在墙壁上粘了几个挂钩,把各种球装入球网,挂到墙上。跳绳、毽子这类小的体育器械则是放入收纳箱,需要时随时取用。

整理能手做分析

这样选择的优点是＿＿＿＿＿＿＿＿＿＿＿＿＿＿＿＿＿＿＿＿＿

我的建议是＿＿＿＿＿＿＿＿＿＿＿＿＿＿＿＿＿＿＿＿＿＿＿＿

原因是＿＿＿＿＿＿＿＿＿＿＿＿＿＿＿＿＿＿＿＿＿＿＿＿＿＿

王少军最喜欢打篮球。不管每天作业有多少,他都会挤出时间去打一会儿篮球。时间长了,篮球就会跑气,弹跳性变小,影响使用。为此王少军准备了一个打气筒和气门针。每当篮球气不足时,他就用打气筒给篮球打气,让篮球恢复弹跳力。除了篮球,他还有其他的体育器械。所以,他还准备了螺丝刀,因为体育器材的螺丝松了,要及时紧固,否则会影响使用,留下安全隐患。

整理能手做分析

这样选择的优点是＿＿＿＿＿＿＿＿＿＿＿＿＿＿＿＿＿＿＿＿＿

我的建议是＿＿＿＿＿＿＿＿＿＿＿＿＿＿＿＿＿＿＿＿＿＿＿＿

原因是＿＿＿＿＿＿＿＿＿＿＿＿＿＿＿＿＿＿＿＿＿＿＿＿＿＿

高永福一家人体形都有点儿胖。家人非常重视健康。大家讨论,决定买一个跑步机,每人每天至少要跑2千米。大家对于买什么样的跑步机,发生了分歧。爸爸要买大品牌的基础功能的跑步机,他最关心质量问题。妈妈要买小品牌的跑步机,她最怕多

花钱。高永福希望买大品牌的最豪华的跑步机。最终，大家一致认为，安全第一，选择大品牌的跑步机，带有防摔倒功能的，可以保证运动时的安全。

整理能手做分析

这样选择的优点是＿＿＿＿＿＿＿＿＿＿＿＿＿＿＿＿＿

我的建议是＿＿＿＿＿＿＿＿＿＿＿＿＿＿＿＿＿＿＿＿

原因是＿＿＿＿＿＿＿＿＿＿＿＿＿＿＿＿＿＿＿＿＿＿

实践活动工具的整理。随着社会的发展，社会实践活动开始走进了人们的视野。越来越多的小伙伴通过社会实践来锻炼、提升自己的综合能力。随着实践活动的增多，各种各样的实践工具开始不断蚕食小伙伴的个人空间。这时，必须对这些工具进行整理啦！

准备实践活动专用收纳工具箱。当然，也可以是橱子、袋子等。工具箱可以是内部只有一个空间的，也可以是内部分成几个区域的。如何选择，要看实践工具数量、种类的多少。数量少，可以选择单一空间且体积不大的工具箱。数量多，需要准备大空间的工具箱。工具种类多，需要准备分成多个区域的工具箱。

工具箱要固定在家中的一个位置，不要经常变动位置。如果是分为多个区域的工具箱，则要把各个区域放置的工具固定住。如果种类太多，不容易记，可以在不同区域贴上小标签。这样，放置和取用工具都会非常方便。

建立工具清单，定期清点整理。工具数量多了，整理时容易遗漏。一旦遗漏，就会影响社会实践活动，并给人留下不好的印象。我们可以为工具箱内的工具建立一个工具清单。参加活动前，再将这项活动需要的工具单独列个清单，按照清单准备工具。这样就不会发生遗漏现象了。

下面是几个小伙伴在整理实践活动工具时的做法，结合上面的提示，你来给点建议吧。

蒋华辉上三年级后，家人给他报了许多社会实践活动，有校内的，也有校外的。不知不觉，各种活动工具占据了他房间的大部分空间。他决定对这些工具进行整理，释放出一部分空间来。他找来几个大袋子，准备把工具分类装好。参加义卖活动时的帽子、马甲等叠好，放入一个袋子；清理公园垃圾时用的手套、折叠垃圾夹等放入一个袋子；给孤寡老人整理房间时，用到的抹布、小桶、洗衣液等放入一个袋子……最后，他把这几个袋子放入一个大箱子。参加哪个活动就取出哪个活动的袋子。

整理能手做分析

这样选择的优点是＿＿＿＿＿＿＿＿＿＿＿＿＿＿＿＿＿＿＿＿＿＿＿＿＿

我的建议是＿＿＿＿＿＿＿＿＿＿＿＿＿＿＿＿＿＿＿＿＿＿＿＿＿＿＿＿＿

原因是＿＿＿＿＿＿＿＿＿＿＿＿＿＿＿＿＿＿＿＿＿＿＿＿＿＿＿＿＿＿＿

卢光远已经上五年级了。家里给他报的社会实践活动比以前多了许多，用的工具也更大更多，再放入一个大箱子已经不合适了。于是，他在阳台上找了一块空间，专门存放社会实践活动工具。首先，把各类实践活动工具装入袋子。然后，比较轻的袋子挂在墙壁粘钩上，比较重的袋子放在地上。每个袋子都贴着一张标签，标明是哪个活动用的。由于他充分利用了地面和墙壁的空

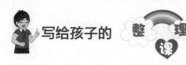

间，社会实践工具占用空间并不大。

整理能手做分析

这样选择的优点是＿＿＿＿＿＿＿＿＿＿＿＿＿＿＿＿＿＿＿＿＿＿

我的建议是＿＿＿＿＿＿＿＿＿＿＿＿＿＿＿＿＿＿＿＿＿＿＿＿＿

原因是＿＿＿＿＿＿＿＿＿＿＿＿＿＿＿＿＿＿＿＿＿＿＿＿＿＿＿＿

牛学文是班级社会实践活动的组织者之一。每次组织活动，有的同学不是忘带这个，就是忘带那个，好几次让他处于崩溃的边缘。后来，他想了个办法。每次实践活动前，他都会列一个工具清单。大家根据清单逐一核对检查需要带的工具，避免了没带工具，在活动现场发呆的尴尬。按照他的方法，大家再也不会忘记带实践工具了。后来，他提醒大家：物品清单可以贴在整理袋上，每次整理时保证把每个物品都收起来，在下次活动前只需要根据新清单查缺补漏即可。

整理能手做分析

这样选择的优点是＿＿＿＿＿＿＿＿＿＿＿＿＿＿＿＿＿＿＿＿＿

我的建议是＿＿＿＿＿＿＿＿＿＿＿＿＿＿＿＿＿＿＿＿＿＿＿＿＿

原因是＿＿＿＿＿＿＿＿＿＿＿＿＿＿＿＿＿＿＿＿＿＿＿＿＿＿＿＿

■我的新计划

2. 整理交流活动工具箱

　　人是感情动物，必须时刻与人进行感情上的交流，需要友谊的温暖和滋养。在迈向成功的道路上，要想坚持到底，仅仅依靠信念的支撑是不够的。良好的人际关系会使人获得一种强大的力量。在成功时，有人能够与你分享喜悦，有人能够给予你诫勉。在遭遇挫折时，有人能够给予你鼓励，有人能够聆听你的倾诉。这必将有助于人们心理的有益平衡，从而有勇气迈向新的征程。你做好整理朋友圈的准备了吗？

　　郭子凡是一名小学生。她是个漂亮却很腼腆的小女生，性格内向，平时不愿意跟同学们打交道，也不爱说话。她在人面前不苟言笑，上课从不主动举手发言，老师提问时总是低着头回答，

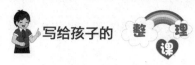

声音小得像蚊子，为此总是受到同学们的嘲笑。她看到同学们回答问题时声音那么洪亮，那么流畅，她觉得自己处处不如别人。她缺乏竞争的勇气和承受挫折的耐力，这也导致了她自信心的缺乏。

班主任征得她的同意后，决定在班里开展"坦诚相对，说说心里话"活动，共同分析大家不愿意与她交流的原因。老师希望通过这样的方式来帮助她，也帮助那些存在相同问题的同学改进不足，提升人际交往能力。

"我不愿意跟她交流，是因为她太不注意个人卫生，身上总有一种怪怪的味道，老远就能闻到，所以我都是离她远远的。"

"她太不注重个人形象了。我都能看到她脸上有一层灰，太脏了！而且，你看她的上衣领子，一半在里面，一半在外面。我不想与这样的人在一起。"

"她说话时，在礼貌上还得再注意点，有时随口说出的话，让别人听了心里不舒服，觉得特别堵，所以我不愿意跟她交流。"

……

你与小伙伴交流时，有没有碰到过困难？你想过是什么原因造成的吗？如果你认真思考过原因，并对不足进行了改进，那说明你具有整理交流活动的意识，你的交际能力比较强，一定有不少好朋友。

■爱整理，会生活

个人卫生＋穿衣打扮＋语言表达＋行为举止＝交流活动工具箱整理能力

交流活动中，个人卫生需要进行整理。个人卫生是小伙伴给别人留下的第一印象，这个印象的好坏，直接影响到后面能否继续进行交往。

生活中要养成饭前便后勤洗手的好习惯。因为手特别容易沾染细菌，引起疾病。无论是从个人角度，还是从交流角度来看，都应该保持手部的清洁与卫生。当你第一次与人交流时，手上脏兮兮的，如果你不是正在劳动，这样是很难与人交流的。

保持面部清洁很重要。当你与人交流时，出于礼貌会首先看对方的脸。如果发现对方脸上脏兮兮的，相信你很难提起继续交流的兴趣。

每天养成早晚刷牙的习惯。勤刷牙，可以保持牙齿干净，口气清新，给人留下良好的第一印象。反之，不刷牙，就容易有口气，谁也不愿意跟你交流时还要承受恶臭的侵袭。

勤洗脚，注意脚部卫生与护理。如果长时间不洗脚，脚上容易散发出汗臭。在室外时还不算明显，但如果在室内，或者需要脱鞋时，脚臭的气味就无法遮掩。这时，你给别人的印象就会大打折扣，影响与别人的交流。

勤剪指甲。留长指甲的话，指甲缝里很容易残留细菌，而且长指甲容易划伤人。没有人愿意与指甲脏兮兮的人交往。

勤洗头，勤洗澡，贴身衣物勤洗勤换，保证个人卫生。长时间不注意个人卫生，身上容易散发出一种怪味，让人不舒服。这样大家都不愿意与你交流，都会躲得远远的。

小试牛刀

下面是几个小伙伴个人卫生的现状，结合上面的提示，你来给点建议吧。

刘天禄刚上一年级。他很喜欢和小朋友一起玩。可是大家见

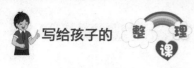

了他都离得远远的，他很郁闷。于是，他向王老师求教。王老师看着他黑乎乎的小手，带着汗迹的像小花猫一样的脸蛋，就什么都明白了。王老师没有说话，拿出手机，给他拍了一张照片，让他自己看。刘天禄看到照片中的自己，脸瞬间红了。于是他跑去卫生间，仔细清洗了手和脸，露出了一个帅气的小脸蛋。他再去找小朋友玩时，大家也不再躲着他了。从此，他养成了勤洗手勤洗脸的好习惯。

整理能手做分析

这样选择的优点是＿＿＿＿＿＿＿＿＿＿＿＿＿＿＿＿＿

我的建议是＿＿＿＿＿＿＿＿＿＿＿＿＿＿＿＿＿＿＿＿

原因是＿＿＿＿＿＿＿＿＿＿＿＿＿＿＿＿＿＿＿＿＿＿

赵温书邀请新朋友王正平到家中做客。王正平脱下鞋子的那一瞬间，一股无与伦比的臭气奔涌而出，整个家中都弥漫着脚臭味。赵温书的妈妈忍不住皱了皱眉头，悄悄地把窗户都打开了。窗外凛冽的寒风吹入家中，让家中的温度也下降了许多。没一会儿，妈妈借口要带赵温书出门，委婉地让王正平先回家了。从此，妈妈坚决不同意赵温书让王正平再到家中做客，也不建议他们继续做朋友。赵温书舍不得这个朋友，就委婉地提醒王正平要注意个人卫生。王正平知道后，羞愧得脸一直红到脖子根。

整理能手做分析

这样选择的优点是＿＿＿＿＿＿＿＿＿＿＿＿＿＿＿＿＿

我的建议是＿＿＿＿＿＿＿＿＿＿＿＿＿＿＿＿＿＿＿＿

原因是＿＿＿＿＿＿＿＿＿＿＿＿＿＿＿＿＿＿＿＿＿＿

祁文耀转到了一个新学校。同桌与他相处了不到一天，就要求班主任李老师调换座位。班主任给祁文耀换了一个同桌。第二天，新同桌又要求换座位。课间时，李老师走到祁文耀身边，想问他与同桌的关系怎么了。李老师还没问，就明白新同桌为什么要换座位了。原来祁文耀很长时间没洗澡了，身上有一股浓浓的怪味。李老师把他叫出教室，单独告诉他，与人交流，个人卫生非常重要。如果身上有怪味，没有人愿意与他做同桌。祁文耀听后羞愧地低下了头。他回家马上洗澡，换了干净衣服，身上再也没有那股怪味了。后来，同桌也不再提出换座位，愿意与他交流了。

整理能手做分析

这样选择的优点是＿＿＿＿＿＿＿＿＿＿＿＿＿＿＿＿＿＿＿＿＿＿

我的建议是＿＿＿＿＿＿＿＿＿＿＿＿＿＿＿＿＿＿＿＿＿＿＿＿＿＿

原因是＿＿＿＿＿＿＿＿＿＿＿＿＿＿＿＿＿＿＿＿＿＿＿＿＿＿＿＿

交流活动中，穿衣打扮需要进行整理。穿衣打扮在交流时影响很大。合适的穿衣打扮能够让人看着舒服，愿意与你交流。不当的穿衣打扮会引起人们的反感，让人避之唯恐不及。怎样的穿衣打扮才叫合适呢？

小伙伴爱美一点儿也没有错，但打扮一定要得体、适当，才能显出美和可爱。不同年龄、不同身份的人有不同的形象要求。小伙伴就像一朵刚刚开放的小花，天真活泼、纯洁无邪就是最美的地方。如果一味学大人打扮得非常复杂、非常郑重，甚至花枝招展、珠光宝气，那只会弄巧成拙，反而把最美的本色弄丢了。

在节假日中，或除星期一须穿校服外，其他时间可不穿校服时，许多同学都喜欢穿上自己精心挑选的衣服，但一定要大方、整洁。女同学不可追求打扮得像成年女性一样艳丽，甚至花枝招

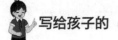

展。男同学，要注意卫生，穿干净整齐的衣服，不必追求穿高级面料的服装。

鞋子、袜子要常换，鞋子要常擦洗、晾晒，决不可让鞋子发出酸臭味儿。女同学要注意不宜穿中、高跟皮鞋，而应穿球鞋、布鞋或平底鞋。

在课堂、集会、升旗仪式上，小伙伴着装要符合礼仪标准：干净整齐，不能邋遢有异味；不能穿背心，更不能光膀子；不能穿拖鞋，更不能打赤脚；不能戴有色眼镜；红领巾要系正戴好，要脱帽，摘掉头巾，队徽、校徽应佩戴在上衣左胸前；衣服扣子要系好，不能敞胸露怀；参加追悼会或祭奠革命烈士等特殊场合，要衣冠整齐，绝对不要穿花花绿绿的衣服。

小试牛刀

下面是几个小伙伴的穿衣打扮，结合上面的提示，你来给点建议吧。

星期一，学校要举行升旗仪式。王文华已经是光荣的少先队员了。他穿上校服，戴上了鲜艳的红领巾。可是，他却被中队长狠狠地批评了一通。原来，他的红领巾系得歪歪扭扭的，上衣有三粒扣子没有扣好，露出了里面的背心，而且上衣下摆一半塞在裤子里，一半露在外面。他这样的形象非常不庄重，有损少先队员的形象，也不符合参加升旗仪式的礼仪要求。王文华被批评了，虽然心里很不舒服，但是他知道是自己错了，急忙整理好服装和形象。

整理能手做分析

这样选择的优点是_____

我的建议是_____

原因是_____

刘高轩从小就喜欢穿各种造型独特的衣服。上学时，他选了一件蜘蛛侠的衣服。这件衣服把全身都包裹得严严实实的，只能通过头上带色的镜片来观察周围世界。他的蜘蛛侠服装造型吸引了全班同学的注意力。结果整整一天，同学们的注意力都在他的服装上，学习都受到了影响。上课时，同桌一直在看他的衣服，老师讲的内容一个字都没听进去。课间操时，周边班级的学生也对他的衣服指指点点，大家课间操都做得乱七八糟。班主任王老师发怒了，把他叫到办公室进行了严肃批评，告诉他：学生上学，不能穿奇装异服。

整理能手做分析

这样选择的优点是＿＿＿＿＿＿＿＿＿＿＿＿＿＿＿＿＿＿＿＿

我的建议是＿＿＿＿＿＿＿＿＿＿＿＿＿＿＿＿＿＿＿＿＿＿＿＿

原因是＿＿＿＿＿＿＿＿＿＿＿＿＿＿＿＿＿＿＿＿＿＿＿＿＿＿

　　曹远明刚刚升入初中。他是班里的学霸，深受大家的喜爱。可是，清明节扫墓时，他被老师当着大家的面批评了。原来他穿了一套大红大绿的衣服去扫墓，引起了老师和同学们的反感。烈士陵园是一个庄严肃穆的场所。为尊重亡者，扫墓时应庄重着装。一般要着深色衣服，并衣着整齐。这件事，让他深刻意识到，穿衣打扮是有很多要求和标准的，不可以率性而为。

整理能手做分析

这样选择的优点是＿＿＿＿＿＿＿＿＿＿＿＿＿＿＿＿＿＿＿＿

我的建议是＿＿＿＿＿＿＿＿＿＿＿＿＿＿＿＿＿＿＿＿＿＿＿＿

原因是＿＿＿＿＿＿＿＿＿＿＿＿＿＿＿＿＿＿＿＿＿＿＿＿＿＿

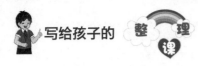

　　交流活动中，语言表达需要进行整理。语言表达在交流中发挥着重大作用。每个人在很小的时候就开始学习语言，它是我们日常交流和沟通中必不可少的工具，也是人类最基本、最重要的一种生存能力和社会行为。

　　语言表达能力强的小伙伴，在交谈中可以活跃气氛，给大家留有好的印象。不善于表达的人在生活中往往会处于劣势，而且还容易被大家忽视和排斥。所以懂得表达，善于表达很重要。与人交流时，要避开人们避讳、反感的话题，评论他人时要委婉一点，否则即使你很能说，也会让人感到厌恶。

　　交流时，使用幽默机智的语言，更容易受到大家的欢迎。别人发言时，要认真倾听，这是对对方的尊重，同时也为自己的发言做好准备。交流时，要学会接受、重视、赞美对方，这样能够使对方身心愉悦，为进一步交流打下基础。当对方提出的要求不合理时，要礼貌地拒绝对方，不要过于生硬。如果当前的话题你不感兴趣或者不愿谈及，要学会适时地转移话题。

　　在交流时，一定要避免以下行为：把对话变成你自己的独白演说，在别人发言时插嘴，抬杠式的交流，否定式的发言。

小试牛刀

　　下面是几个小伙伴与人交流时的表现，结合上面的提示，说说你的建议和看法吧。

　　王俊明结识了一个新朋友刘鸿飞。可是，刘鸿飞每次都惹王俊明不高兴。王俊明视力不大好，戴着眼镜。刘鸿飞总是拿他的近视开玩笑，这让他很是恼火。再三警告后，王俊明不再跟他交往了，还把他这种行为告诉了班主任李老师。李老师告诉刘鸿飞，尊重对方是与人交流的前提。拿对方的短处开玩笑，是对对方的不尊重。刘鸿飞认识到了错误，主动向王俊明道歉。他们和好了。

整理能手做分析

这样选择的优点是＿＿＿＿＿＿＿＿＿＿＿＿＿＿＿＿＿＿＿＿＿

我的建议是＿＿＿＿＿＿＿＿＿＿＿＿＿＿＿＿＿＿＿＿＿＿＿＿

原因是＿＿＿＿＿＿＿＿＿＿＿＿＿＿＿＿＿＿＿＿＿＿＿＿＿＿

王勤宁刚转入新班级时，大家与他的交流并不多。但是他说话幽默风趣，很快就吸引了同学们的注意力。大家都愿意跟他做朋友。别人讲话时，他眼神专注地看着对方，用心倾听，让大家感到自己受到了尊重。很快，他的朋友越来越多了。原来他为了让自己的语言变得幽默风趣，看了很多幽默的书籍，听了很多有趣的音频，做了很多笔记。

整理能手做分析

这样选择的优点是＿＿＿＿＿＿＿＿＿＿＿＿＿＿＿＿＿＿＿＿＿

我的建议是＿＿＿＿＿＿＿＿＿＿＿＿＿＿＿＿＿＿＿＿＿＿＿＿

原因是＿＿＿＿＿＿＿＿＿＿＿＿＿＿＿＿＿＿＿＿＿＿＿＿＿＿

孙宏伟非常喜欢与田正业交流。因为每次交流时，田正业都认真地看着他，非常尊重他。而且他的见解，田正业总是给予高度的评价与赞扬。即使田正业有自己的想法，也从不插嘴。田正

业总是等他说完以后才委婉地提出自己的想法。田正业的表现，让人在与他交流时，愿意多说一些。田正业在与孙宏伟的交流中，也得到了对方的肯定与鼓励，让他信心倍增。他们这对彼此尊重、彼此欣赏的好朋友，让很多人都忍不住羡慕。

整理能手做分析

这样选择的优点是＿＿＿＿＿＿＿＿＿＿＿＿＿＿＿＿＿＿＿

我的建议是＿＿＿＿＿＿＿＿＿＿＿＿＿＿＿＿＿＿＿＿＿＿＿

原因是＿＿＿＿＿＿＿＿＿＿＿＿＿＿＿＿＿＿＿＿＿＿＿＿＿

交流活动中，行为举止需要进行整理。一个人的行为举止礼仪直接决定了人们是否愿意与他交流。你的行为举止反映了你的个人修养，并且一定程度上反映了你的道德水准。你即使有出众的姿色、时髦的衣着，但如果没有相应的行为美，就破坏了自己的形象。一个人要站有站相，坐有坐相，行有行相。要率直而不鲁莽，活泼而不轻佻，学习紧张而不失措，休息时轻松而不懒散。

站姿要有稳定感，做到"站有站相"。女生应是亭亭玉立，文静优雅；男生应是刚劲挺拔，稳健大方。尽量避免歪着脖子、斜着肩或一肩高一肩低、弓背、挺着腹、撅臀或身体倚靠其他

物体等行为出现。还要避免搔头抓痒，摆弄衣带、发辫，咬指甲等小动作出现。

坐姿讲究稳重感。优美的坐姿是端正、优雅、自然、大方。入座时，要走到座位前面再转身，然后右脚向后退半步，再轻稳地坐下，收右脚。入座后，上体自然坐直，双肩平正放松，立腰、挺胸。要避免以下几种不良坐姿：就座时前倾后仰，或是歪歪扭扭，脊背弯曲；两腿过于叉开或伸出去，萎靡不振地瘫坐在椅子上；坐下后随意挪动椅子，在正式场合跷二郎腿时摇腿。

走姿要展示精神风貌。从走姿可以看出其精神是奋发进取还是失意懒散，以及是否受人欢迎等。标准的走姿要求行走时上身挺直，双肩平稳，目光平视，下颌微收，面带微笑；手臂伸直放松，向前、后自然摆动。要尽量避免走路时内八字或者外八字；避免弯腰驼背，歪肩晃膀；避免走路时大甩手，扭腰摆臀，大摇大摆，左顾右盼。

小试牛刀

下面是几个小伙伴的行为举止，结合上面的提示，你来给点建议吧。

李驰星与王子鸣是朋友。王子鸣发现李驰星站立时，经常歪着脖子，挺着圆溜溜的肚子，给人的印象不是很好。而且，他站在那里还不断地搔头抓痒，摆弄衣服下摆，偶尔还会咬指甲。王子鸣作为好朋友，向李驰星指出了他的这些不足。李驰星欣然接受并做出了改变。

整理能手做分析

这样选择的优点是_____

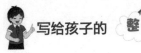

我的建议是＿＿＿＿＿＿＿＿＿＿＿＿＿＿＿＿＿＿＿＿＿

原因是＿＿＿＿＿＿＿＿＿＿＿＿＿＿＿＿＿＿＿＿＿＿＿＿

刘宏业与陈浩琪刚认识，就邀请陈浩琪到家中做客。出门前，陈浩琪特别用心整理了衣着，擦洗了鞋子，梳理了头发，整理好仪容，以示对朋友的尊重。刘宏业注意到陈浩琪不仅仪表整洁，而且坐姿端正、大方，在沙发上坐稳后身子没有扭来扭去，也没有跷腿。刘宏业对这样的朋友非常满意。

整 理 能 手 做 分 析

这样选择的优点是＿＿＿＿＿＿＿＿＿＿＿＿＿＿＿＿＿＿

我的建议是＿＿＿＿＿＿＿＿＿＿＿＿＿＿＿＿＿＿＿＿＿

原因是＿＿＿＿＿＿＿＿＿＿＿＿＿＿＿＿＿＿＿＿＿＿＿＿

高志新这个学期转入了一个新班级。第一次与同学见面时，他精心准备了着装。在迈入教室的那一瞬间，他把自己的精气神提升到了最佳状态。他上身挺直，双肩放平，目光平视，手臂自然前后摆动，缓步走到讲桌前，开始做自我介绍。他的自我介绍简短幽默，引得大家哈哈大笑。大家对他印象深刻，很多人都愿意和他交流。

整 理 能 手 做 分 析

这样选择的优点是＿＿＿＿＿＿＿＿＿＿＿＿＿＿＿＿＿＿

我的建议是＿＿＿＿＿＿＿＿＿＿＿＿＿＿＿＿＿＿＿＿＿

原因是＿＿＿＿＿＿＿＿＿＿＿＿＿＿＿＿＿＿＿＿＿＿＿＿

■我的新计划

3. 整理网络活动工具箱

　　现在人们的生活已经离不开网络，衣、食、住、行都和网络建立了千丝万缕的联系。以前出门需要带各种物品，一个大包塞得满满的，缺一不可。现在出门，只要拿着钥匙和手机，其他的都可以不用带了。因为手机已经可以完成大多数的生活需要。

　　某重点小学四年级教室里，班主任布置了一个探究周边传统文化的学习任务，让同学们分小组完成，限时两天。

　　小组长马上召集了小组成员开会，分配研究任务。

　　"我去图书馆查一下有没有相关的资料，再去问问我的父母，相信能够搜集到不少资料。然后，我再努力把查到的内容画下来。这个比较麻烦，时间真的是太紧了。"

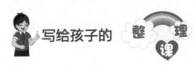

"去图书馆查？画下来？你这样不行，实在太慢了。现在都是网络时代了，大家要充分利用互联网的功能。这样，大家都到网上去搜集资料，文字、图片、声音、视频资料应该都能找到。"

"我擅长制作PPT。大家把搜集的资料都发给我，我整合一下，做成PPT报告。"

......

如今网络已经渗透到人们学习、生活、娱乐的方方面面。你在使用网络时，有没有考虑到把这些网络活动工具进行整理，让自己使用起来更加方便呢？

■爱整理，会生活

学习工具 + 交流工具 + 娱乐工具 + 生活工具 = 网络活动工具箱整理能力

整理各种学习工具，让网络活动助力学习进步。学生的首要任务是学习。在传统的学习活动中，就是老师上课讲，学生完成作业，有问题老师进行讲解，或者由父母进行解惑。如果需要查找资料，就得去图书馆，从无数种图书中寻找需要的那几本书，效率非常低下。在网络时代，我们可以充分利用各种学习工具，来提高学习效率。

搜索工具可以提高搜索信息的效率。只要在浏览器上打开百度搜索、360搜索、搜狗搜索等搜索引擎，输入要查询的信息关键词，就能很快得到想要的信息，效率非常高。还有搜题的专用软件，可以快速找到想要求解的题目。

文字处理工具可以提高学习效率。Word 省去了手写的麻烦，可以把文字变成电子文档，修改时很方便，再也不会把作业本涂得乱七八糟了。PPT 可以使我们的汇报图文并茂、生动形象，更能吸引听众的注意力。WPS 是国产办公软件，不仅具备上述功能，还有许多独有的创新技术和工具。

　　语音输入法可以让不会打字的小伙伴也能快速输入文字。打字不再成为影响小伙伴利用网络的障碍。讯飞语音输入法是非常有名的语音输入法，1 分钟可以轻松录入 400 字，普通话语音识别率高达 98%。

　　互联网上的各种学习平台，可以让学习更加生动形象，充满乐趣，寓教于乐，能够快速拓展小伙伴的知识面。

小试牛刀

　　下面是几个小伙伴在整理学习工具时做出的选择，结合上面的提示，你来给点建议吧。

　　车明辉刚进入一年级。老师为了培养大家的说话能力，让大家每天写日记。这下可难住了车明辉。他一共才会写 100 来个字，难道用拼音来写日记？"老师也太狠了，这晚上得写到几点呀！"他忍不住嘟囔道。"日记一点儿也不难写，先想好写什么，然后不到三分钟就完成了。"同桌悄悄告诉他。"什么？不到三分钟，你是怎么完成的呀？""用讯飞语音输入法，只要对着手机说，字就自己打出来了，可快了。""太感谢你了，这下我也不怕了。哈哈……"

整理能手做分析

这样选择的优点是 _____

我的建议是 _____

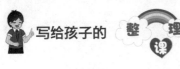

原因是＿＿＿＿＿＿＿＿＿＿＿＿＿＿＿＿＿＿＿＿＿＿＿＿＿

　　王宸宇进入三年级以后，老师布置的查资料的作业越来越多。他感觉有些应接不暇了。他很纳闷，为什么同学们都能很快找到资料，而自己查阅了那么多书找到的却那么少呢。于是他就请教爸爸。爸爸告诉他，同学们不是查阅纸质书籍，而是利用互联网搜索资料。只要打开浏览器，进入百度搜索，在搜索框中输入关键词，就会找到相应的资料。他感叹道：原来搜索引擎功能这么强大！爸爸告诉他，除了利用搜索引擎，还可以问家中的智能音箱，比如小度音箱、小米音箱等。

整理能手做分析

这样选择的优点是＿＿＿＿＿＿＿＿＿＿＿＿＿＿＿＿＿＿

我的建议是＿＿＿＿＿＿＿＿＿＿＿＿＿＿＿＿＿＿＿＿＿

原因是＿＿＿＿＿＿＿＿＿＿＿＿＿＿＿＿＿＿＿＿＿＿＿

　　陈景山进入初中后，老师每天都让他们汇报展示。对他来说最困难的就是制作演示 PPT，找好图片，打上文字，结果怎么排版也不好看。他正对着电脑发脾气时，爸爸进来了。爸爸对他说，排版其实很简单，PPT 可以做到自动排版。在爸爸的指导下，他打开 WPS 教育版，在演示文稿中输入图片和文字，点击一下智能排版，系统给出了许多排版方案，只需要选一个喜欢的就可以了。

整理能手做分析

这样选择的优点是＿＿＿＿＿＿＿＿＿＿＿＿＿＿＿＿＿＿

我的建议是＿＿＿＿＿＿＿＿＿＿＿＿＿＿＿＿＿＿＿＿＿

原因是＿＿＿＿＿＿＿＿＿＿＿＿＿＿＿＿＿＿＿＿＿＿＿

整理交流工具，提高沟通效率，预防网络诈骗。 在互联网普及之前，小伙伴之间的沟通只能是面对面，想找谁就去谁家。后来有了固定电话，可以通过电话进行交流。可是如果对方不在家，就会找不到人。有了手机以后，可以随时与对方联系。在互联网普及后，人们可以与对方视频，不仅能听到声音，还能看到人。交流变得越来越方便。

　　微信或者 QQ 是大多数小伙伴交流的首选工具。大家不但添加了好友，还建立了同学群、朋友群，只要对方在线，可以随时联系对方。使用 QQ 和微信，也要注意安全防护。QQ 和微信经常会被盗号，或受到陌生人的干扰，有时还会遇到网络诈骗。小伙伴一定要小心警惕。

　　为了方便小伙伴们交流学习，老师往往会让大家加入专门的学习交流平台，比如班级优化大师、乐教乐学、一起学习网等。在这些平台上，一般只有老师和同学，不会受到外人干扰，比较安全。

　　不管哪种网络交流工具，一定要注意保护好个人信息。重要的个人信息一旦泄露，就容易被坏人利用，对个人造成危害。所以，整理交流活动工具是非常有必要的。

小试牛刀

　　下面是几个小伙伴整理交流工具时做出的选择，结合上面的提示，你来给点建议吧。

　　今天老师布置了一个开放性的调查作业——"说说我知道的端午节"。关一腾点开 QQ 小组群，与同学交流如何完成作业。不一会儿，小组形成了决议：1 号负责搜集网络上的文字资料，要变成自己的话，不能照搬。2 号负责搜集端午节的图片。3

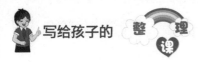

号负责包粽子，留好照片。4号负责汇总资料，制作PPT展示汇报。有问题在QQ群中及时交流。第二天晚上，大家再次在QQ群里碰头，对汇报所用的PPT进行了评议、修改和完善。他们很快就完成了学习任务，就等着向老师和同学们汇报了。

整理能手做分析

这样选择的优点是＿＿＿＿＿＿＿＿＿＿＿＿＿＿＿＿＿＿＿＿

我的建议是＿＿＿＿＿＿＿＿＿＿＿＿＿＿＿＿＿＿＿＿＿＿＿

原因是＿＿＿＿＿＿＿＿＿＿＿＿＿＿＿＿＿＿＿＿＿＿＿＿＿

"5号、18号、34号，你们的作业还没提交到班级优化大师平台，今天务必完成！"王老师的话传来。天啊，老师每天公布那么多学号。他是怎么发现我们没交作业的？这得费多少功夫啊，他不嫌累吗？王老师接着说："你们谁没完成作业，系统记录得很清楚。别偷懒，赶紧交作业。一会儿，我就要进行作业评分了，家长很快就会收到评分信息。"

整理能手做分析

这样选择的优点是＿＿＿＿＿＿＿＿＿＿＿＿＿＿＿＿＿＿＿＿

我的建议是＿＿＿＿＿＿＿＿＿＿＿＿＿＿＿＿＿＿＿＿＿＿＿

原因是＿＿＿＿＿＿＿＿＿＿＿＿＿＿＿＿＿＿＿＿＿＿＿＿＿

张文山在外地上学。他很久没有见到小学同学了，很想念他们。为此，他经常抱怨父母到外地工作。这一天，他收到一个QQ好友请求，原来是小学同学！他通过了好友验证，打开QQ视频连线，好友久违的面孔出现在屏幕上，他们忍不住交流起近况来。网络交流为他们彼此的友谊再次搭上彩虹桥，无论多么遥远，只要有网络，就像在身边一样。

整理能手做分析

这样选择的优点是＿＿＿＿＿＿＿＿＿＿＿＿＿＿＿＿＿＿＿

我的建议是＿＿＿＿＿＿＿＿＿＿＿＿＿＿＿＿＿＿＿＿＿＿＿

原因是＿＿＿＿＿＿＿＿＿＿＿＿＿＿＿＿＿＿＿＿＿＿＿＿＿

网络上有许多娱乐工具，可以让小伙们在学习劳累之余享受难得的放松时光。放松娱乐是大家紧张学习之余的首选，这时可以进行户外活动，也可以直接宅在家里利用网络娱乐工具来放松。不管是哪种娱乐方式，都会让人沉醉在一种放松的状态，分外留恋，但如果沉迷其中，就会玩物丧志，失去上进心。所以，小伙伴一定要整理自己的娱乐工具箱。

游戏是所有人都喜欢的，没有网络时大家都是出门玩耍，有了网络，各种网络游戏也随之而来。游戏是一把双刃剑，可以让人快速放松，同时也会让人沉迷其中。现在有很多游戏成瘾的小伙伴，因为打游戏把自己的学业荒废了，事后都陷入深深的后悔之中。因此，大家在选择游戏时，一定要选择不容易上瘾的游戏。

看视频是网络娱乐放松的第二大选择。视频中包含了各种电影、电视剧、动画片，不管是对小伙伴来说，还是对大人来说，都有莫大的吸引力。近年来刚刚兴起的短视频，更是凭借视频时间短、内容简洁精练得到了男女老幼的喜爱，让人不知不觉中看了一个又一个短视频，欲罢不能。好在现在这些软件都设置了防沉迷系统，大家在使用时，一定记得打开。

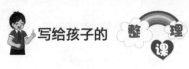

 小试牛刀

下面是几个小伙伴在整理娱乐工具时做出的选择，结合上面的提示，请你说一说他们需要整理吗。你来给点建议吧。

陈佳豪放学回家后，火急火燎地做完了今天的作业，就迫不及待地打开了自己的娱乐文件夹，里面有各种各样的游戏。他打开了一个网络游戏，先签到，然后去做游戏任务，不知不觉半个小时过去了，这时妈妈让他赶紧吃饭，然后再看点儿课外书。他口头答应着，然后加快速度，继续做任务。妈妈催促了两遍之后，直接来到了他的身边，如果再不下线，看来妈妈就要直接动手关机了。"五分钟，就五分钟，我马上就能完成这个任务。"他祈求道。妈妈看着他，终于爆发了怒火："游戏里你再成功又能怎样，只是虚幻的世界，不会给你在现实中带来任何成长和进步，从现在起，你不要再玩游戏了！"

整理能手做分析

这样选择的优点是＿＿＿＿＿＿＿＿＿＿＿＿＿＿＿＿＿＿＿＿＿

我的建议是＿＿＿＿＿＿＿＿＿＿＿＿＿＿＿＿＿＿＿＿＿＿＿＿＿

原因是＿＿＿＿＿＿＿＿＿＿＿＿＿＿＿＿＿＿＿＿＿＿＿＿＿＿＿

孟子安吃完晚饭后，打开了爱奇艺客户端，开始看最近最火的电视剧。一集演完了，他还想继续看，这时妈妈不愿意了："你完成作业了吗？没完成作业，就看电视剧，浪费了多少宝贵的时间？马上去写作业，写完作业再看。""这一集留了一个悬念，到底是怎么回事呀，好奇心完全被吸引住了，没心思写作业呀。"这一句话可把妈妈激怒了，妈妈立马干脆地关掉了视频："赶紧去写作业，别让我说第二遍！"孟子安灰溜溜地去写作业了，可脑子里一直都想着电视剧的内容，很晚才写完作业。

整理能手做分析

这样选择的优点是＿＿＿＿＿＿＿＿＿＿＿＿＿＿＿＿＿＿

我的建议是＿＿＿＿＿＿＿＿＿＿＿＿＿＿＿＿＿＿＿＿＿＿

原因是＿＿＿＿＿＿＿＿＿＿＿＿＿＿＿＿＿＿＿＿＿＿＿＿

常浩孔写完作业，睡觉前打开抖音，想看一小会儿短视频就睡觉。十分钟过去了，他应该睡觉了，可是他又想，一个视频才几十秒钟，再看一个吧。就这样，一个又一个，不知不觉已经看了半个小时了，他仍然还想继续看。这时妈妈进来了，看他还没睡觉，直接把手机没收了。这下彻底没法看了，他躺在床上，不到五分钟就沉沉睡去了。妈妈无奈地摇了摇头，明明已经很困了，自从有了短视频，硬是能一直不睡觉，对身体影响太大了。

整理能手做分析

这样选择的优点是＿＿＿＿＿＿＿＿＿＿＿＿＿＿＿＿＿＿

我的建议是＿＿＿＿＿＿＿＿＿＿＿＿＿＿＿＿＿＿＿＿＿＿

原因是＿＿＿＿＿＿＿＿＿＿＿＿＿＿＿＿＿＿＿＿＿＿＿＿

善用各类网络生活工具能够让我们的生活更加便捷。工具的产生，是为了更好地服务人们的生活。在互联网时代，这些软件变得更加方便、更加易用、更加人性化。

地图导航类工具可以让我们不再迷路。大家出门最怕的是迷路，不知道自己在哪里，找不到回家的路，而利用地图导航软件，可以清楚地知道自己在哪里，怎么回家。随着地图导航软件的升级，它还能告诉我们身边哪里有好吃的，哪里有好玩的，哪里有超

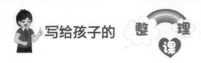

市，哪里有厕所……

天气类工具告诉我们出门穿什么衣服。第二天出门，我们要穿什么厚度的衣服，需不需要带伞？很多小伙伴都是听从父母的建议，你知道如何自己选择吗？这需要你拥有天气软件，它会告诉你现在的天气，以及未来几天的天气，还会告诉你适合穿哪种类型的衣服，是否需要进行防晒准备，是否需要带伞。有了它，是不是感觉自己瞬间长大了？

购物类工具让我们的生活更方便。现在网购已经成为生活常态，网上物美价廉的东西数不胜数，如果碰上特殊日期，像双11、双12、618大促等，更是能花最少的钱买到更多的东西。在使用购物软件时，要选择大品牌、有保证的平台，不要从微信朋友圈等地方买，因为如果物品出现质量问题，是没法享受售后服务的。

小试牛刀

下面是几个小伙伴在整理生活工具时做出的选择，结合上面的提示，请你说一说他们需要整理吗。你来给点建议吧。

陈丽璇与妈妈外出旅游，来到一个陌生的环境中，找不到回宾馆的路了。妈妈带着她向好多人打听宾馆的位置，都说不知道，看来宾馆实在是太没有知名度了。妈妈急得满头大汗，一咬牙，准备拨打110求助警察。这时，陈丽璇拿过妈妈的手机，打开高德地图，搜索宾馆名称，找到宾馆后，发现距离也不是太远，点击步行导航，跟着导航的指引，她们很快就回到了宾馆。

整理能手做分析

这样选择的优点是_____

我的建议是_____

原因是_____

李明泽早晨去上学前，看了一眼手机上的天气预报，拿上雨伞就去上学了。妈妈看着大清早就火辣辣的太阳，以为她是怕晒，要遮太阳用。妈妈觉得自己是大人了，不怕晒，出门时就没有带伞。结果中午放学时，一场大雨毫无征兆地下了起来，李明泽安然回家，妈妈却被淋成了一只落汤鸡。下午，李明泽上学前又看了一眼手机，没拿伞就上学去了，妈妈喊都喊不住。妈妈上班前，看着阴沉沉的天，带着雨伞去上班了。到了下午放学时，天空已是晴空万里，李明泽自己安然回家，妈妈拿着伞回家了。妈妈问她，你怎么知道上午下雨，下午又不下雨了呢？李明泽打开了手机上的天气预报给妈妈看，妈妈恍然大悟，早就在手机上的软件她竟然没用过。

整理能手做分析

这样选择的优点是_____

我的建议是_____

原因是_____

薛俊豪已经上初中了，他有自己的零花钱，经常上网购物。这一天，他发现朋友圈中有人在卖一款耐克运动鞋，比天猫店和

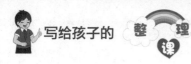

京东上的都便宜许多，经过与对方多次沟通，对方都信誓旦旦地承诺，保证是耐克正品。最终他没有敌过便宜的诱惑，在微信上付款了。过了三天，他要的鞋子来了，打开包装盒一看，质量明显不行，是假货。他感觉自己上当了，就要求退货，可是对方怎么也不同意，还说品牌名就是"耐克正品"，不属于欺骗。他多次沟通后，对方直接把他拉黑，联系不上了。

整理能手做分析

这样选择的优点是＿＿＿＿＿＿＿＿＿＿＿＿＿＿＿＿＿

我的建议是＿＿＿＿＿＿＿＿＿＿＿＿＿＿＿＿＿＿＿＿＿

原因是＿＿＿＿＿＿＿＿＿＿＿＿＿＿＿＿＿＿＿＿＿＿＿

■我的新计划

第五章　整理你的朋友圈

1. 我的朋友在哪里

　　每个人一生中，都离不开朋友的存在与支持，没有朋友的人生必定是一个不完整的人生。真正的朋友必出之于"真"，必发自于"诚"。是朋友就意味着忠诚、默契、信任、无求乃至牺牲。

　　小伙伴们，你的身边有没有朋友，你们之间相处得怎么样？多一分宽容，多一分理解，多一分快乐，多一分感动，我相信只要大家能彼此真诚相待，保有开朗豁达明智的心胸，放下身段，诚恳待人，彼此之间的友情之花定会越开越艳，永不凋谢。

　　丁零零，下课铃响了，教室里顿时喧闹起来。同学们有的跑去上厕所，有的打闹起来，有的赶紧拿出了挂念了一整节课的课外书……正在这时，玻璃落地摔碎的声音响了起来，紧跟着就是一阵尖叫声传来。

　　宁书豪循声望去，只见地上有一摊深蓝色的墨水，周围是尖叫着离开的女生们。王文武呆呆地站在那里，有些不知所措，看

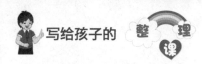
来是他把墨水瓶碰落的。王文武没有抹布，也忘了拿拖把，只是傻傻地用废作业纸拾捡地上的玻璃，其他同学则在旁看笑话，等着上课。

宁书豪看着同学们要么装作没看见，要么直接假装上卫生间，要么小声抱怨的样子，心里很是不屑，还是同学呢，见到朋友有难，也不上前帮忙。他迅速拿出自己的抹布，开始清理四周小滴的墨水。王文武感动极了，连声道谢。

在宁书豪的带动下，周围的同学也积极行动起来，有的拿抹布，有的拿拖把，大家一起上前帮忙，地上的墨水很快就被清理干净了。

这一天，王文武真正体会到了友谊的真谛。真情或许就这么简单，这么不起眼，但是它可能是你人生中最大的转折点，它能让你知道人间是多么美好！

想一想，在你的学习生活中，有没有碰到过困难，是谁在你需要帮助的时候挺身而出，帮助你克服了困难。你有没有在朋友需要帮助的时候，为他排忧解难？如果你受到过朋友的帮助，也请你在他需要帮助时伸出援助之手，这样你们的友谊才能地久天长。这也是整理我们朋友圈的必备技巧。

■爱整理，会生活

个人优缺点＋志同道合小伙伴＋真正需要的朋友＋好朋友存在的地方＝良好的友谊

整理自己的优缺点，是我们找朋友的第一步。正确认识自己的优点，可以使自己更加自信，又不过于自满。正确认识自己的缺点，可以让我们注意扬长避短，或努力改正，但不会过于放大缺点，变得自暴自弃。只有正确认识自己，才会知道自己需要什么样的朋友。

有些小伙伴很自卑，问他有什么优点，他支支吾吾答不上来，以为自己都是缺点，没有优点。但实际上他很优秀，学习成绩好、说话有条理、乐于助人，等等。但是在他的自卑心态中认为这些不值一提，在人际关系中自动低人一等。如果他能真正认识到自己的优点，就会更自信，不会在人际关系中过于放低自己，心里也不会那么卑微痛苦！

人都有缺点，如果想要改掉缺点的话，首先就要认识到自己的缺点。如果认为缺点是懒、内向、不上进等等，也不要把这类缺点无限放大，自暴自弃，如果把缺点无限放大就成了自卑。我们认识到了自己的缺点，完全可以通过自身的努力，把缺点改正，把短板补齐。

小伙伴从哪些途径来了解自己的优缺点才更科学呢？

自我评价是了解自己优缺点的一个常用途径，不过自我评价有时会受到个人性格的影响产生较大偏差，比如有的人会把优点放大，有的人则认为不值一提。

家长评价是了解自己优缺点的一个主要途径，家长有时因为对小伙伴的宠爱，可能会夸大优点，忽略缺点，而过于严厉的家长，则会放大缺点，忽略优点。

教师评价、朋友评价也是了解自己优缺点的途径，这两种评价一般比较客观。

小试牛刀

下面是几个小伙伴在认识自己优缺点时的做法，结合上面的提示，你来给点建议吧。

张舒雅刚刚迈入一年级的大门，她感觉有些不适应。在家

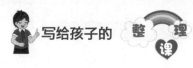
里，她是一个被捧在手心里的公主，谁都得听她的话，她随便做点儿事情，都能得到家人的夸奖，这让她一直以为自己是世界上难得一见的天才。可到了学校里，在同学们做自我介绍时，她发现身边的小朋友也很优秀，不但自我介绍时落落大方，而且他们表演的特长都赢得了同学们的掌声，反观自己，背诵的古诗大家都能跟着背下来。她心中的优越感一下子消失了，觉得自己好像什么都被别人比下去了。

整理能手做分析

这样选择的优点是＿＿＿＿＿＿＿＿＿＿＿＿＿＿＿＿＿＿＿＿＿＿

我的建议是＿＿＿＿＿＿＿＿＿＿＿＿＿＿＿＿＿＿＿＿＿＿＿＿＿＿

原因是＿＿＿＿＿＿＿＿＿＿＿＿＿＿＿＿＿＿＿＿＿＿＿＿＿＿＿＿

黄潇潇是四年级的学生，他看到同桌戴了一块电子手表，功能很强大，就偷偷地拿回家研究了一下，没想到被妈妈发现了，妈妈严厉地批评了她，还动手打

了她。她知道自己错了，向妈妈承认了错误，第二天主动把手表归还给了同桌。可是，妈妈仍然揪住此事不放，在黄潇潇犯了什么错误时，妈妈就把这件事再次翻出来讽刺她，甚至还在街坊邻居面前说出此事，让她非常难堪。从此，她在家里都过得小心翼翼，生怕不小心遭到妈妈的挖苦和讽刺。慢慢地，她开始害怕回家，觉得妈妈并不爱她，认为自己是家庭中多余的人。

整理能手做分析

这样选择的优点是＿＿＿＿＿＿＿＿＿＿＿＿＿＿＿＿＿＿

我的建议是＿＿＿＿＿＿＿＿＿＿＿＿＿＿＿＿＿＿＿＿＿

原因是＿＿＿＿＿＿＿＿＿＿＿＿＿＿＿＿＿＿＿＿＿＿＿

　　冯浩天是贫困山区的孩子，通过自己的努力，终于考入了梦寐以求的重点学校，现在已经是初中一年级的学生了。由于家境贫寒，他总觉得大家会看不起他、笑话他。所以，在新学校里，他从来不去招惹别人，有人惹到了他，他也是宽宏大量地一笑而过。班里的事情，他都是抢着干，在同学们需要帮助时，他总是第一个挺身而出。很快，他就赢得了全班同学的肯定，在班委竞选中，他竟然被投票选为班长。在发表任职演说时，他哽咽了，向大家袒露心声："我是贫困山区的孩子，我以为大家会看不起我，没想到大家对我评价这么高。既然大家信任我，我一定努力承担班长职责，为大家服务好，争创优秀班级！"

整理能手做分析

这样选择的优点是＿＿＿＿＿＿＿＿＿＿＿＿＿＿＿＿＿＿

我的建议是＿＿＿＿＿＿＿＿＿＿＿＿＿＿＿＿＿＿＿＿＿

原因是＿＿＿＿＿＿＿＿＿＿＿＿＿＿＿＿＿＿＿＿＿＿＿

　　分析自己的朋友，是否是与我们志同道合的小伙伴。每个人都有自己的一群好朋友，你对这些朋友了解吗？他是适合你的好朋友吗？

　　从优缺点来分析。每个人都有自己的优缺点，对方的优点你是否欣赏，对方的缺点你是否能够接纳，是我们结交朋友时必须

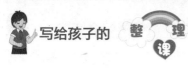

要考虑到的。

从兴趣爱好来分析。自己与朋友是否有相同的兴趣爱好，如果有，那么大家就会有共同的话题，有利于共同进步。如果一个共同的爱好也没有，那么彼此之间的共同语言会很少，在与朋友共同相处时，话题会变少。

从性格特点来分析。要看彼此之间的性格能否互相接受。整天调皮捣蛋的小男孩与文文静静的女孩如果成为朋友，由于性格差异太大，他们在一起时，面对同一问题，可能会出现行为方式完全不同的选择，这时是包容与理解，还是彼此对立？

从道德品质来分析。每个人成长的环境不同，道德品质也就不同，有的乐于助人，有的孝老爱亲，有的诚实守信……道德品质恰巧相反的人，如诚实守信的人与不守信用的人在一起，由于他们的价值观不同，最终可能朋友做不长久。

小试牛刀

下面是几个小伙伴在分析自己朋友时的做法，结合上面的提示，你来给点建议吧。

刘小凤是一年级的学生，妈妈告诉他，上学了要多去跟同学一起玩，多交朋友，不能总是一个人玩。于是，下课以后，他看谁最会玩，就跟谁在一起。很快，他就与班里几个调皮的孩子成了形影不离的好朋友，只是他

们做的事情却并不让同学们喜欢。下课以后，他们经常在走廊里追跑打闹撞到路过的同学，在教室里高声尖叫影响别人交谈……当有人上前与他理论时，他们就好几个人一起上前不分青红皂白地欺负对方。没几天，他们这几个小伙伴就被班主任老师点名批评了。

整理能手做分析

这样选择的优点是_____

我的建议是_____

原因是_____

魏诗函是三年级的学生，她性格内向，做事情有些拖拉，在班上很少说话，也没有什么朋友。班主任张老师想帮一帮她，就给她安排了张乐天做同桌，张乐天是一个特别活泼开朗的男孩子，做事积极主动，浑身充满活力。老师鼓励他们多交流，希望他们能成为好朋友。刚开始，两个人还能和平相处，可是没过多久，两人渐渐爆发出矛盾来。两人一起做值日，魏诗函慢慢悠悠，半天还没扫完两排，那边张乐天已经全都扫完了；收作业时，张乐天马上就把作业交上去了，魏诗函却磨磨蹭蹭半天还没找出作业来；两人小组合作时，魏诗函总是跟不上张乐天的节奏……张老师看到这样的情景，长叹一声：原本以为是优势互补，没想到是性格不合啊！

整理能手做分析

这样选择的优点是_____

我的建议是_____

原因是_____

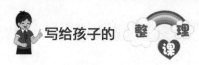

王宝玉是初中二年级的学生，他的同桌白晓伟长得非常漂亮，是班里的班花。作为班花的同桌，他并没有感觉多么幸福，生怕与班花交流过多引起大家的误会，所以与白晓伟平时很少交流。可是，一次课间时间，他在翻看一本编程书籍时，白晓伟向他咨询了一个编程难题，他轻松解决，让她大为佩服。从此，二人经常互相交流编程中遇到的各种疑难问题，分享自己的编程作品，很快成为了好朋友。

整理能手做分析

这样选择的优点是_____

我的建议是_____

原因是_____

整理真正需要的朋友，这是我们要努力寻找并维持好关系的。当你对自己有了客观公正的认识，对朋友有了一定的分析了解之后，你就要静下心来思考，哪些是你真正需要的朋友？你需要的朋友，可以与你携手共进，攻坚克难；而你自己心底无法认同的朋友，在关键时刻，你们之间会爆发矛盾，他甚至会把你带向不好的发展方向。

道德品质是我们评价一个人的重要标准，具有良好道德品质的人，我们才可以放心交往，而一些品行不端的人，我们则要尽量远离。良好的道德品质主要指的是孝老爱亲、助人为乐、诚实守信、爱岗敬业、见义勇为等品质。不好的道德品质，主要指的是不忠不孝、不守信用、忘恩负义、见风使舵、口蜜腹剑、落井下石等。

有共同爱好的小伙伴，在遇到困难时，可以互相帮助，在交流中共同探究，共同进步，随着交流的增多，就会成为好朋友。反之，没有共同爱好，就会出现"话不投机半句多"的尴尬局面，久而久之，彼此的关系就不会那么密切了。

　　对生活持有积极态度的小伙伴，是大家需要的朋友。同样一件事，积极的人与消极的人会给出截然不同的态度。长时间与态度积极的人在一起，他会潜移默化地使你积极起来，而长时间与态度消极的人在一起，你在不知不觉间也会变得消极起来。

小试牛刀

　　下面是几个小伙伴在分析自己朋友时的做法，结合上面的提示，你来给点建议吧。

　　高飞霞是二年级的学生，她最近结交了两个新朋友。其中一个叫王双双，她在家里好吃懒做，从来不帮助家里做家务，而且总是要求父母为她做这个做那个，她见到同学需要帮忙时，总是装作有事情要做，扭头离开，就没见她帮助过别人，她总是喜欢找高飞霞一起玩。另一个朋友叫李佳诺，她与王双双恰好相反，在家里积极做家务，孝敬老人，是个街坊邻居都夸赞的好姑娘，当同学遇到困难时，她总是第一个站出来提供帮助，大家都喜欢她，只是她平时玩的时间比较少。妈妈知道了她的这两个朋友后，问她：你认为哪个才是你需要的好朋友？

整理能手做分析

这样选择的优点是＿＿＿＿＿＿＿＿＿＿＿＿＿＿＿＿＿＿＿＿

我的建议是＿＿＿＿＿＿＿＿＿＿＿＿＿＿＿＿＿＿＿＿＿＿＿

原因是＿＿＿＿＿＿＿＿＿＿＿＿＿＿＿＿＿＿＿＿＿＿＿＿＿

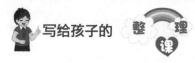

　　王玉霞已经上五年级了，她因为性格活泼开朗，为人友善，身边聚集了好多小伙伴，仅仅是班里的同学就有十多人是她的好朋友。这一天，外面突然下起了滂沱大雨，放学时仍然不见减小，王玉霞心里非常担心。别的小朋友都有家长来接，她因为离家近，都是自己回家的，可她今天没有带伞啊，这么大的雨，如果跑回家，浑身肯定淋得透透的，十有八九会生病。这时，她的朋友一个个都跟她挥手告别了，没有一个人送给她一把伞。她的同桌林芳今天走得有点儿晚，看到了她的难处，把自己的伞留给了她，自己冲进妈妈的雨披之下回家了，让她连拒绝的机会都没有。这一刻，她明白了：像林芳这样的朋友，才是真心对待自己，为自己着想的好朋友。

整理能手做分析

　　这样选择的优点是＿＿＿＿＿＿＿＿＿＿＿＿＿＿＿＿＿＿＿＿

　　我的建议是＿＿＿＿＿＿＿＿＿＿＿＿＿＿＿＿＿＿＿＿＿＿＿＿

　　原因是＿＿＿＿＿＿＿＿＿＿＿＿＿＿＿＿＿＿＿＿＿＿＿＿＿＿

　　王莫涵刚刚升入初中一年级，她有了新同桌，同桌对她很好，她们经常互相帮助，也越聊越投机。可是，时间长了以后，她发现了一个问题，同桌看待问题非常消极，什么事情都喜欢往坏处想，整天让自己处于一种焦虑忧愁的状态中。一天，老师让课代表发作业本，除了同桌的作业，全班都发到了。同桌开始胡思乱想了，是不是作业错误太多，被老师留下了，要单独找她谈话？还是字写得太差，老师要当作反面教材当着全班同学的面来批判……王莫涵受到她的影响，也变得紧张起来。等到上课，老师拿着她的作业来到她的身边，小声说道：课代表搬作业的时候，落下了一本。

整理能手做分析

这样选择的优点是＿＿＿＿＿＿＿＿＿＿＿＿＿＿＿＿＿＿＿＿＿＿

我的建议是＿＿＿＿＿＿＿＿＿＿＿＿＿＿＿＿＿＿＿＿＿＿＿＿＿＿

原因是＿＿＿＿＿＿＿＿＿＿＿＿＿＿＿＿＿＿＿＿＿＿＿＿＿＿＿＿

整理好朋友可能存在的地方，为建立友谊做好准备。朋友应该去哪里寻找呢？生活当中，处处都是人，但自己需要的朋友应该去哪里寻找呢？其实，当我们明确了自己需要的朋友之后，也就知道了自己可以怎么寻找。

我们可以仔细观察自己身边的同学，看其中是否有符合自己朋友标准的，如果同学中就有符合自己要求的，那是最合适的，因为大家整天在一起学习与生活，彼此都非常熟悉，交往起来更加方便，还能避免被骗。

俗话说，高山流水，知音难遇，能遇到与自己志趣相同的人是很幸运的。在古代，这样的缘分很难遇到，而在当今，却有多种途径。现在校园内外的各种社团、兴趣小组非常多，只要你参加进去，就会发现里面都是一些兴趣相同的小伙伴。除此之外，还可以利用互联网来寻找兴趣相同的朋友，QQ 群、兴趣部落等平台都可以帮我们快速找到兴趣相同、年龄相近的朋友。

关注榜样，寻找朋友，让自己更加优秀。班级当中，老师经常表扬的同学，那就是班级树立的学习榜样，我们要学习他们的优点。学校当中，也经常会有各种颁奖活动，上台领奖的，都是在某一方面表现突出的同学。只要我们善于观察，生活中，处处皆榜样，处处皆朋友。

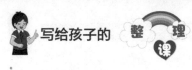

小试牛刀

下面是几个小伙伴在寻找自己朋友时的做法，结合上面的提示，你来给点建议吧。

新学期，高晓璐转学进入了一所新学校，她需要交几个新朋友。她首先按照自己的标准在班里进行了初步的筛选，老师整天批评的同学不能交朋友，下课喜欢追跑打闹的同学不能交朋友，喜欢欺负人的同学不能交朋友……经过初选，班里还有将近一半的同学。然后，她发现老师经常表扬某几个同学，他们都是在各个方面表现突出的同学，她决定先跟这些人交往一下，看能否成为好朋友。很快，她就与其中的几个优秀同学成为了好朋友。

整理能手做分析

这样选择的优点是＿＿＿＿＿＿＿＿＿＿＿＿＿＿＿＿＿＿＿＿

我的建议是＿＿＿＿＿＿＿＿＿＿＿＿＿＿＿＿＿＿＿＿＿＿＿

原因是＿＿＿＿＿＿＿＿＿＿＿＿＿＿＿＿＿＿＿＿＿＿＿＿＿

张成浩已经进入初中了，他的成绩处在班级中游水平，他想找一个能帮助他学习进步的朋友。回想自己身边的朋友都是一些玩耍的朋友，并没有能在学习上给他帮助的。于是，他决定在班里交一个学习成绩突出的朋友。他的数学成绩是所有学科中最弱的，所以他优先在数学成绩好的同学中进行挑选，然后再选择其中乐于助人的同学，就这样，他选定了两个男同学，开始尝试与对方交往。他先是通过请教数学题的方法与对方接触，对方很愉快地对他进行了指导，他又用小礼物表达了自己的感谢……就这样，他很快就找到了他需要的好朋友。

整理能手做分析

这样选择的优点是＿＿＿＿＿＿＿＿＿＿＿＿＿＿＿＿＿＿＿＿＿

我的建议是＿＿＿＿＿＿＿＿＿＿＿＿＿＿＿＿＿＿＿＿＿＿＿＿

原因是＿＿＿＿＿＿＿＿＿＿＿＿＿＿＿＿＿＿＿＿＿＿＿＿＿＿

　　李昊宇已经是四年级的学生了，他身边的朋友并不多，能跟他在兴趣爱好方面志同道合的朋友一个也没有。他认为自己最喜欢的就是篮球了，决定找一个在篮球方面的朋友共同进步。他来到了小区的篮球场，观察在球场上活跃的人中是否有与自己同龄的人。很快，他就锁定了两个人。在他们下场休息时，他主动上前，对他们在赛场上的表现大加赞赏，对方听到有人欣赏他，就攀谈起来，还约他一起上场打篮球。就这样，李昊宇很快就交到了两个与他有共同爱好的朋友，他们经常交流篮球心得，一起实践篮球技巧。过了一阵子，李昊宇还进入了学校篮球队。

整理能手做分析

这样选择的优点是＿＿＿＿＿＿＿＿＿＿＿＿＿＿＿＿＿＿＿＿＿

我的建议是＿＿＿＿＿＿＿＿＿＿＿＿＿＿＿＿＿＿＿＿＿＿＿＿

原因是＿＿＿＿＿＿＿＿＿＿＿＿＿＿＿＿＿＿＿＿＿＿＿＿＿＿

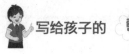
■我的新计划

2. 你是我的好朋友

　　每个人的身边，都聚集着形形色色的人，有些人与我们的关系莫逆，有些人却与我们形同陌路，有些人表面看起来是我们的好朋友，但关键时刻总是见不到他的人，有些人平时对我们好像很一般，但在你需要帮助时，他却能挺身而出。

　　你现在的好朋友属于哪种类型呢？如果你与好朋友相处久了，有没有感觉到你们的关系正在慢慢变淡？

　　李乐天这几天总感觉同学们看他的眼神怪怪的，问问同桌，同桌却说一切很正常啊。

王浩龙是李乐天的好朋友，他听同学们说李乐天趁着大家上体育课时，在教室里偷偷翻了自己的书包，而自己书包里的100元钱碰巧不见了。紧接着，他又听同学说，看到李乐天喝了别人的矿泉水。

　　王浩龙认为李乐天是他的朋友，他相信李乐天不会做出这样的事情。于是他找到李乐天，与他当面沟通："李乐天，有人说你翻我的书包了？"

　　李乐天坦然回答道："是呀，我借给你的那本书，我同桌也想看，我就去你书包里找了一下。"

　　他这么一说，王浩龙顿时明白了，那本书自己已经借了好久了，也该还给他了。"哦，对不起，我早该还给你的。"他继续问道，"对了，我放在书包里的钱你看到了吗？"

　　"当时我没看到，你再想想是放到书包里了吗，是不是放在别处了？"

　　王浩龙又仔细回想了一遍才想起来，那100元他偷偷藏在家中自己的那个小金库里了。

　　"还有同学说你喝了别人的水，这是怎么回事呢？"

　　"我都被那个同学害死了，亏我以前还帮他买水，我根本就没喝什么水，他把矿泉水瓶子放在地上，瓶盖没拧紧，不知被哪个同学踢翻了，我就拿起来把盖子拧紧了，正巧被几个同学看见了，他们就说我喝了那个同学的水。"

　　真相大白！在这个故事中，王浩龙真正明白了要相信自己的朋友，对自己的朋友有信心。

　　小朋友，你的好朋友有没有在关键时刻帮到你，或者是在你被冤枉时选择相信你？如果你有这样的好朋友，那你真的太幸福了，如果没有，也不要紧，你可以去结交一些这样的朋友。只

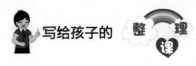

要你有了整理自己朋友圈的意识，相信你身边的优秀朋友会越来越多。

■爱整理，会生活

建立友谊的方法 + 好朋友的标准 + 维系友谊的方法 + 挽回友谊的方法 = 结交好朋友的能力

整理建立友谊的方法。见到了值得结交的朋友，你知道如何与他建立朋友关系吗？回想一下自己身边现有的朋友，你们之间是怎样建立友谊的？两人中总有一人要积极主动一点，当初是他先找的你，还是你先找的他？如果是你先找的他，说明你具有更强的交际能力。

两人要成为朋友，需要有人主动进行第一次交流，如果双方都没有主动与对方说出第一句话，那可能一段珍贵的友谊就不会出现了，因此小伙伴要勇敢地踏出建立友谊的第一步——主动与对方交流。

主动与对方交流时，可以从对方的特长或感兴趣的话题开始，因为人们在谈论自己擅长的内容时，不会有压力，有时反而会有交谈的欲望。如果事前已经知道了对方的特长或感兴趣的话题，那就可以大胆进行交谈。如果不知道呢？当你遇到对方时，对方所处的位置可能与他感兴趣的内容有关，不妨从这方面展开谈话。如果你们在篮球场遇到了，可以选择篮球方面的话题；如果你们在下棋的地方遇到了，可以选择下棋方面的话题；如果在学习舞蹈的地方遇到了，可以选择舞蹈方面的话题……除此之外，话题也可以从对方的服装饰品、今天的天气等方面展开。

在第一次与对方建立友谊时，一定要注意留给对方良好的第一印象。穿的衣服要干净整齐，人的精神状态要饱满积极，如果事先知道对方喜欢的颜色或者装扮，可以选择相应的服饰。如果第一次交流之后，发现对方很适合成为自己的朋友，可以选择赠送给对方一点小礼物或者小纪念品，这样可以加深自己在对方心中的印象。

小试牛刀

　　下面是几个小伙伴在结交朋友时的做法，结合上面的提示，来说说你的感受吧。

　　毛小雨是二年级的小学生，她在班里观察张子天已经很久了，她认为张子天性格开朗，乐于助人，学习成绩也很优秀，非常希望能和他成为朋友。

可是，每次两人有机会说话时，她总是脸胀得一句话也说不出来，为此，她失去了很多次与他建立友谊的机会。这一次，她终于下定决心，借着一次请教数学题的机会，与张子天聊了起来。她首先对张子天的乐于助人表达了感谢，又对张子天下围棋的水平表达了欣赏，张子天见毛小雨也喜欢围棋，就和她聊了许多，很快两人就成了围棋棋友，经常在一起交流下棋心得。

整理能手做分析

　　这样选择的优点是＿＿＿＿＿＿＿＿＿＿＿＿＿＿＿＿＿＿＿＿＿＿

　　我的建议是＿＿＿＿＿＿＿＿＿＿＿＿＿＿＿＿＿＿＿＿＿＿＿＿＿＿

　　原因是＿＿＿＿＿＿＿＿＿＿＿＿＿＿＿＿＿＿＿＿＿＿＿＿＿＿＿＿＿

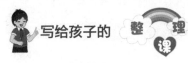

程晓丽是四年级的学生了，她发现班里翟文慧对穿衣打扮有自己独特的见解，不管怎么搭配都特别好看，很能吸引周围人们的目光。程晓丽对穿衣打扮也很感兴趣，就想与她建立友谊，向她学习技巧，沟通心得。于是，她每次看到翟文慧换了新衣服，就到她面前由衷地表达欣赏之情，称赞她会穿衣服。刚开始，翟文慧只是礼貌地回应一个微笑。后来，她也称赞程晓丽的衣服好看。就这样，两人开始互相沟通起穿衣打扮的经验心得来。再后来，两人成了特别好的朋友，有时还会交换衣服穿，成了人人羡慕的好朋友。

整理能手做分析

这样选择的优点是_____

我的建议是_____

原因是_____

黄旭一是初中二年级的学生，他学习成绩很好，是人人羡慕的学霸型人才，可是他身边却没有什么朋友。后来他发现班上的郭晓燕成绩也很好，解题时经常能别出心裁，就想与她交朋友，共同钻研难题。他找了好几次机会想到她身边去说话，可是每次还没等他开口，郭晓燕就赶紧找借口离开了。他非常纳闷，对方不回头就知道自己要过去吗？还是他的同桌实在忍不住了，告诉他："你要勤洗澡，勤洗头，你身上有一股怪味，隔老远就能闻到，除了我是你同桌没办法，哪个朋友愿意闻呢?"真是一语惊醒梦中人,他开始注重个人卫生,身上的怪味没有了,反而经常散发着一种淡淡的洗衣液的香味。这下子,不用他去找别人交朋友,大家都主动过来跟他说话交流了。

整理能手做分析

这样选择的优点是＿＿＿＿＿＿＿＿＿＿＿＿＿＿＿＿＿＿＿＿＿＿

我的建议是＿＿＿＿＿＿＿＿＿＿＿＿＿＿＿＿＿＿＿＿＿＿＿＿＿＿

原因是＿＿＿＿＿＿＿＿＿＿＿＿＿＿＿＿＿＿＿＿＿＿＿＿＿＿＿＿

整理判断是不是好朋友的标准。两人玩在一起已经很久了,怎样判断他是不是自己的好朋友呢?朋友有很多种,有点头之交的朋友,有平淡如水的朋友,有推心置腹的朋友,有刎颈之交的朋友,你的朋友属于哪一种?

朋友是否是懂得你、欣赏你的知己?孟子说:"人之相识,贵在相知,人之相知,贵在知心。"人生相知不易,知心更是难得,因此有人说千金易得,知音难觅。古代俞伯牙与钟子期,是知音的代表。如果你的朋友能够对你的言行都懂得,那你一定要珍惜。

朋友是否对你直言不讳?真正的朋友,能够直言你的缺点和错误,让你的人生少走弯路,让你的人生更加顺畅,这是难得的诤友。古代唐太宗与魏征虽然是君臣,但也是一对诤友,正是因为魏征的直言不讳,唐太宗才成为了中国历史上有名的君主。他曾说:"人以铜为镜,可以正衣冠;以古为镜,可以知兴替;以人为镜,可以明得失。"

在你遭遇危难之时,朋友能否与你共渡难关?真正的朋友,就是在你处在危难之中时,可以伸出手帮助你的人,有些朋友平

日里可能联系很少，但在你需要他时，他会挺身而出，即使不能帮你解决问题，也会替你分担一部分。

真正的朋友，是可以为你牺牲自己利益的挚友。他会比你更加了解你，当你遇到困难时，他甚至会为了你放弃自己的利益。

想要交到知心的好朋友，重要的是你怎样对待他人，你拿真心去对待别人，别人才会用真心回馈你。

小试牛刀

下面是几个小伙伴在判断自己朋友时的做法，结合上面的提示，来说说你的感受吧。

马上要元旦联欢会了，需要大家主动报名演出节目，班主任告诉大家可以单独表演，也可以自由组合，希望大家放下顾虑，积极报名。魏晓晓最近特别喜欢听一首刚刚流行的歌曲，就想与好朋友李萍共同合作，一起唱给大家听。李萍唱歌特别好听，是班里的音乐课代表，她听了魏晓晓的提议后，直摇头，坚决不同意与她合作。魏晓晓非常生气，认为李萍想要自己独唱，不够朋友。李萍见她想多了，就直言相告：你唱歌太容易跑调，如果选择唱歌，只会让大家笑话你，我不希望你被别人笑话。你朗读文章特别有感情，我们可以把歌曲和朗诵结合起来演出，把我们俩的优点都展示出来，一定能成功。果然，她们的演出非常成功，给全班留下了深刻印象。

整理能手做分析

这样选择的优点是＿＿＿＿＿＿＿＿＿＿＿＿＿＿＿＿＿＿＿＿

我的建议是＿＿＿＿＿＿＿＿＿＿＿＿＿＿＿＿＿＿＿＿＿＿＿

原因是＿＿＿＿＿＿＿＿＿＿＿＿＿＿＿＿＿＿＿＿＿＿＿＿＿

一场数学选拔赛正在考场进行，大家都在紧张地答题，张天浩是班里的数学课代表，数学成绩特别好，是班里这次选拔赛的种子选手，大家都非常看好他。答卷前，他先浏览了一遍试卷，没有不会的题，他更有自信了，认为这次的选拔赛自己肯定能顺利通过。他拿出中性笔，迅速开始答题。做到反面的作图题时，他拿出自己的 2B 铅笔，却发现笔头断了，想拿转笔刀，却发现转笔刀没带。无奈之下，他只好继续向后做，很快其他题目都做完了，就这道作图题空着，如果答不上，他肯定通过不了选拔。就在他懊恼不已，准备放弃时，与他并排坐着的朋友举手了，向老师请示后把自己的作图铅笔借给了他。结果不出所料，他以第一名的成绩顺利晋级。

整理能手做分析

这样选择的优点是＿＿＿＿＿＿＿＿＿＿＿＿＿＿＿＿＿＿＿

我的建议是＿＿＿＿＿＿＿＿＿＿＿＿＿＿＿＿＿＿＿＿＿＿

原因是＿＿＿＿＿＿＿＿＿＿＿＿＿＿＿＿＿＿＿＿＿＿＿＿

张洪涛已经上初中二年级了，他与同桌建立了良好的友谊，他有什么事情都优先考虑到同桌，有好事先叫着他，有好东西优先与他分享，在他需要帮忙时，总是第一个挺身而出。他如此对待同桌，可是同桌对他却并不像他对自己那样，有好的事情，能自己独占的就不告诉他，有好的东西都是自己偷偷地享用。有一次，在他给老师搬作业时，他一个人实在搬不过来，就把目光投向了同桌，而同桌却在那里埋头写作业，装作没看到。在他开口提出帮助请求时，同桌却说："我得赶紧写作业，不然晚上又得熬到很晚。"通过这件事，他彻底明白了，同桌这样的人，不是自己真正的好朋友。

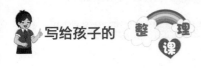

整理能手做分析

这样选择的优点是＿＿＿＿＿＿＿＿＿＿＿＿＿＿＿＿＿＿＿＿

我的建议是＿＿＿＿＿＿＿＿＿＿＿＿＿＿＿＿＿＿＿＿＿＿＿

原因是＿＿＿＿＿＿＿＿＿＿＿＿＿＿＿＿＿＿＿＿＿＿＿＿＿＿

整理维系友谊的方法。与小伙伴建立朋友关系之后，应该怎样维系友谊呢？朋友之间的关系有远有近，如果不经营维系，关系会慢慢变淡，而经常维系，会使朋友关系逐渐升级。我们应该怎样做呢？

经常联系是维系朋友的基础方法。跟朋友保持联系的方法有很多，见面相聚是最好的途径，如果时间来不及，可以通过电话、微信、QQ 等方法进行联系。如果长时间不联系，彼此不了解近况，想要聊天时容易因为找不到共同话题而使关系变淡。

要牢记彼此的重要日子，及时为对方送上祝福。对方的生日是非常重要的日子，小伙伴可一定要记牢，及时送上生日祝福和生日礼物。礼物不一定非得是贵重的，但一定要是用心的。在春节、中秋节、端午节等重大节日，也要记得给朋友们送祝福。如果彼此是在一个共同的小圈子里，那么圈子里的特定节日也要庆祝。

在朋友遇到困难时，你要竭尽所能帮助他渡过难关。俗话说，与其锦上添花，不如雪中送炭。在逆境时的交往，需要的是真诚，你帮助了他，他会记在心里，即使你帮不了他，只要你的心意到了，他也会感激你心中有他这个朋友。

真正把他当作朋友，你要对他的遭遇感同身受。当他被表扬奖励时，作为朋友，你要替他高兴；当他被批评时，作为朋友，你要理解他、安慰他；在他受到冤枉时，你要想办法为他查明真相。只有这样，想朋友之所想，急朋友之所急，才能成为真正的好朋友。

小试牛刀

下面是几个小伙伴在维系自己朋友时的做法，结合上面的提示，来说说你的感受吧。

魏晓敏刚刚与王佳妮建立了朋友关系。魏晓敏可喜欢她了，每当她受到老师表扬时，还没等她脸上露出微笑，魏晓敏已经满脸绽开花朵了。一下课，魏晓敏就会赶紧跟她说，她太了不起了，又在全班同学面前展示了自己。看到魏晓敏这么关心自己，王佳妮对她也非常好，二人之中，不管谁被表扬了，她们下课都要互相庆祝一下。要是有谁在课堂上被老师批评了，下课以后，她们肯定会凑在一起互相鼓劲，争取下次做得更好。她们的这种友谊感染了身边的人，大家都喜欢跟她们交朋友。

整理能手做分析

这样选择的优点是＿＿＿＿＿＿＿＿＿＿＿＿＿＿＿＿

我的建议是＿＿＿＿＿＿＿＿＿＿＿＿＿＿＿＿＿＿＿

原因是＿＿＿＿＿＿＿＿＿＿＿＿＿＿＿＿＿＿＿＿＿

赵春燕是班里的风云人物，大家都喜欢她，都把她当作自己的朋友。可是，有一天，班里有同学丢了100元钱，大家都说自己没拿。班主任实在没有办法，就让大家互相翻找一下桌洞与书包，看能不能找到。没想到，赵春燕的书包里竟然有一张100元钱，尽管她为自己辩解，说这钱是她自己的，可是大家都不相信，都以为是她偷了同学的钱，大家看她眼神瞬间变得不一样了，零零星星的议论声传入她的耳中，让她委屈得眼泪忍不住直往下掉。这时，她的同桌，也是她最好的朋友站了起来，大声说道：这100元钱就是赵春燕的，我相信她！事后，那位同学

在翻看语文课本时，找到了夹在其中的 100 元钱，他向赵春燕道了歉，同学们也纷纷恢复了与赵春燕的朋友关系。可是赵春燕明白，只有同桌才是她真正的好朋友。

整理能手做分析

这样选择的优点是＿＿＿＿＿＿＿＿＿＿＿＿＿＿＿＿＿＿＿＿

我的建议是＿＿＿＿＿＿＿＿＿＿＿＿＿＿＿＿＿＿＿＿＿＿＿

原因是＿＿＿＿＿＿＿＿＿＿＿＿＿＿＿＿＿＿＿＿＿＿＿＿＿

赵景浩以优异的成绩从小学毕业，进入了一所重点初中，离别时，他与朋友相拥落泪，大家彼此承诺：即使不在一所学校了，也要保持联系，大家共同努力，争取考入同一所重点高中。在初中的日子里，当他看到同学们的行为与之前朋友有相似之处时，他会想起曾经的朋友；当看到同学们赠送的礼物与之前朋友赠送的一样时，他又会想起朋友……每当想起朋友时，他晚上回家都会在 QQ 上给之前的朋友留言，说自己如何怀念当初的朋友，如果朋友在线，他们就聊一会儿近况。

整理能手做分析

这样选择的优点是＿＿＿＿＿＿＿＿＿＿＿＿＿＿＿＿＿＿＿＿

我的建议是＿＿＿＿＿＿＿＿＿＿＿＿＿＿＿＿＿＿＿＿＿＿＿

原因是＿＿＿＿＿＿＿＿＿＿＿＿＿＿＿＿＿＿＿＿＿＿＿＿＿

整理挽回友谊的方法。当朋友关系遇到危机时，该怎样挽回？朋友之间的相处就像家人，虽然关系亲密，但总有不和谐的时候，这时该怎么办？家人之间，即使产生矛盾，但都在家中，容易化解。但朋友之间，因为不如家人见面频繁，如果不想办法挽回，很可能就会出现绝交的情况。

如果朋友之间是因为误会产生了不和谐，我们要想办法把事情解释清楚。我们可以采用面谈的方式，推心置腹地说说心里话，把问题解释清楚。如果事情有点儿严重，对方不愿意见你，你可以用写信的方式，把问题解释清楚。

如果朋友之间是因为说话时口不择言，说出了让人伤心的话，进而产生了冲突，我们应该首先冷静下来，分析一下自己有没有错误。俗话说，一个巴掌拍不响，一旦有了冲突，两个人都有一定的责任，冷静下来，找到自己的不足，主动向对方道歉，相信你们的朋友关系一定能修复如初。

如果是因为自己做错了事情，导致朋友对自己产生了不好的印象，进而疏远了自己，那自己就要好好反思一下，最近有没有做错什么事情，找到原因，然后做出补救，改变自己在朋友心目中的印象，那这个问题就迎刃而解了。

小试牛刀

下面是几个小伙伴在与朋友关系出现危机时的做法，结合上面的提示，来说说你的感受吧。

杜冠晨与王天宇是交往两年的老朋友了，他们的关系一直都很好。最近，他们之间的关系出现了裂痕，杜冠晨开始刻意地疏远王天宇。王天宇作为他的老朋友，第一时间就感觉到了他的变化，左思右想之后，决定与杜冠晨当面解决问题。他直截了当地问杜冠晨，到底是什么原因让他要疏远自己。杜冠晨没想到他会这样问，也就直接告诉他："你明知道我一直想看《钢铁是怎样炼成的》这本书，你书包里就有，却不告诉我，太不把我当朋友了。"王天宇听后哈哈大笑，说道："马上就是你的生日了，这是我给你准备的生日礼物！"

整理能手做分析

这样选择的优点是＿＿＿＿＿＿＿＿＿＿＿＿＿＿＿＿＿＿＿＿＿

我的建议是＿＿＿＿＿＿＿＿＿＿＿＿＿＿＿＿＿＿＿＿＿＿＿＿

原因是＿＿＿＿＿＿＿＿＿＿＿＿＿＿＿＿＿＿＿＿＿＿＿＿＿＿

李晓云与王腾璐已经是多年的好朋友了，她们彼此之间建立了深厚的友谊。可是，最近她们之间的关系变得有点儿剑拔弩张，只要两个人凑在一起，总会吵起来。说起事情的起因，其实是两人合作参加一个挑战赛，因为两人配合出现了一点点失误，被对手抓住了机会，她们被淘汰了。她们当时觉得非常遗憾，李晓云脱口说了一句："要是你速度再快一点就好了。"王腾璐听了以后很不高兴，反驳道："要是你再慢一点就好了，你都不注意我的速度吗?"就这样，两人逐渐争执起来，最后都说出了影响朋友之间友情的话，她们之间的关系就变差了。最后，李晓云认识到，比赛远不如朋友重要，自己当初口不择言确实不对，于是主动向王腾璐道歉，王腾璐觉得自己也有不对的地方，就彼此互相道歉、互相原谅了，她们的关系又恢复到了从前。

整理能手做分析

这样选择的优点是＿＿＿＿＿＿＿＿＿＿＿＿＿＿＿＿＿＿＿＿＿

我的建议是＿＿＿＿＿＿＿＿＿＿＿＿＿＿＿＿＿＿＿＿＿＿＿＿

原因是＿＿＿＿＿＿＿＿＿＿＿＿＿＿＿＿＿＿＿＿＿＿＿＿＿＿

林水凡与王清华是多年的好朋友了，可是最近，王清华开始不理林水凡了。原来是因为摸底测验前，林水凡忘了带作图专用的 2B 铅笔和橡皮，他正好看到王清华桌子上有两套，觉得自己和王清华是朋友，王清华肯定会答应借给自己，就拿走了一套，没来得及跟他说就去参加考试了。可是，当他归还铅笔和橡皮时，王清华脸色非常不好看，从那以后就没有再理过他。林水凡知道是自己的错误，就主动购买了一套新的送给王清华，还诚恳地道歉，请求他的原谅。看他认错态度诚恳，王清华原谅了他，并告诉了他事情的原委：那两套铅笔和橡皮，其中有一套是给同学买的，林水凡拿了一套以后，王清华把仅剩的一套给了同学，自己的作图题根本没做，就差作图题的那几分，他就能第一次登顶班级第一名。

整理能手做分析

这样选择的优点是＿＿＿＿＿＿＿＿＿＿＿＿＿＿＿＿＿＿＿

我的建议是＿＿＿＿＿＿＿＿＿＿＿＿＿＿＿＿＿＿＿＿＿＿＿

原因是＿＿＿＿＿＿＿＿＿＿＿＿＿＿＿＿＿＿＿＿＿＿＿＿＿

■我的新计划

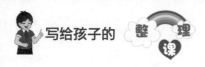
3. 这样的朋友我不要

有人一说起自己有哪些朋友，就会说出许多人的名字，听起来他的朋友非常多，可是其中有些朋友，对他来说带来的危害远大于好处，这样的朋友，你会跟他保持密切联系吗？所以说，朋友并不是越多越好，要看朋友的质量如何，贵在精，而不在多。过多的朋友要维系，会浪费大量的时间与精力，不如把自己的朋友好好整理一下。

在学校心理咨询室中，石晓丽正在向心理咨询老师倾诉自己的苦恼。

她有一个从幼儿园开始玩到现在的朋友张文丽，因为她们的名字当中都有一个"丽"字，所以她们都认为这是上天给彼此送来的缘分，于是她们干什么都在一起，无话不谈，到现在已经快十年的交情了。可是最近她发现自己和张文丽并不是一个世界的人，为什么直到今天才发现她自己也不知道。

当时，两个人的家庭住得相隔挺远，就为了她们的友谊，张文丽的父母特意在她家的小区买了房子，方便两个人交往。于是，她们整天在一起学习，一起玩耍。张文丽的成绩不好，她几乎每天都要抽出大量的时间给她讲题，为此耽误了很多时间。

在上初中时，张文丽的家里花钱让她上了

一所私立重点初中，而她却因为生病发挥失常，只进入了一所普通中学。从此以后，她发现张文丽变了，张文丽不但没有鼓励她，反而讽刺她、嘲笑她、挖苦她。张文丽说："这么努力有什么用，还不如有个好的家庭背景，不用努力就可以上好学校。"

在心理咨询老师的开导下，她终于明白：真正的朋友不是看你们一起相处了多久，玩了多久，而是看你们的心境是否相同，三观是否一致。古人有句话叫作：酒逢知己千杯少。真正的朋友能够心灵相通，并且都有着正能量，你能在她的身上学到一些长处，她能影响你，帮你走上人生的正轨，而不是整天吃喝玩乐荒废时间。

你身边的朋友是怎样的？是能够跟你心灵相通，有着共同的目标，一起携手并进？还是整天带着你玩游戏，互相攀比吃的什么，穿的什么？如果你发现身边的朋友会给你带来负面的影响，说明你的朋友需要整理一下了，有些朋友不能要。

■爱整理，会生活

喜欢抱怨＋依赖别人＋内心脆弱＋谎话连篇＋强势霸道＋虚情假意＋口无遮拦＋惹是生非＋游手好闲＋有不良嗜好＋没有爱心＝清理朋友圈

喜欢抱怨，充满负能量的朋友不能要。这种人总喜欢从负面的角度看待身边的问题，随之而来的就是各种抱怨，他给身边人带来的也是负面信息比较多，长时间跟这种人在一起，会影响自己的心情与动力。这种人就是身边的一颗毒瘤，一个人若是被负能量的东西熏陶久了，他就会对生活失去信心和勇气，甚至会得抑郁症。希望大家多交往一些充满正能量的人，这样你的心情也会更好，不管干什么都会觉得自己充满动力，成功离你也就会越

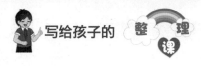

来越近。

过分依赖别人，独立能力差的朋友不能要。跟这种朋友在一起，你会发现自己慢慢变成了一个小保姆，什么事情都得替他考虑，什么事情都得帮他处理，而他却什么事情都不做，看着你干这个、干那个，有时还会要求你干这个、干那个，一旦你为他做的事情让他不满意了，他还会对你横加指责。自己究竟是在找朋友，还是在磨炼自己的意志，励志当一个称职的保姆呢？偶尔的帮助是乐于助人，可是一直像保姆一样去伺候别人，那就不是交朋友了，而是把自己卖给别人当保姆了。

内心脆弱，极度敏感的朋友不能要。这种朋友就像一颗漂亮的玻璃心，一碰就碎，你偶尔随口说的一句话，他会为此想太多太多，甚至会伤感半天。这种人每天都生活在别人的眼光里，内心脆弱至极，不堪柔弱一击，更承受不住压力和打击，你要是想跟他开个玩笑，可得万分小心，也许他会当真。与这种人在一起，你会整天提心吊胆，你的一句话、一个眼神、一个动作都得经过深思熟虑，都要考虑会不会伤害他，这样是不是太辛苦了？

谎话连篇，不讲诚信的朋友不能要。古语有云，人无信而不立。言必信，行必果。诚实守信是中华民族的传统美德，是社会文明的重要标志。诚信是一个人的立身之本，也是一个集体、一个民族、一个国家生存的基础。诚信对于人与人之间的交往非常重要，每个人都希望和诚实讲信用的人交往，都不希望自己被身边的朋友欺骗。如果你身边有不讲诚信的朋友，你可要小心了，不一定什么时候你就会吃大亏，因此，这种朋友坚决不能要。

强势霸道，盛气凌人的朋友不能要。这种朋友经常以自我为中心，做什么事情都不会经过你的同意，他说什么就得是什么，你没有选择的权利。长时间与这样的朋友相处，如果你是有主见的人，或者你会与他爆发矛盾冲突，或者你暗自压下自己的思想，但会觉得很受气，影响自己的心理健康；如果你是没有主见的人，你会变得更加没有主见，遇事就听别人的意见，逐渐失去自我。因此，这种朋友不能要。

虚情假意，表里不一的朋友不能要。这样的人一般都是带着目的接近你，表现得热情友好，看起来单纯善良，能够很快取得你的好感与信任，成为你的好朋友，但是他一旦抓住机会，就会欺骗你、算计你、伤害你，让自己取得更大的利益。这种人，一般当面一套，背后一套，脸上带着微笑，背后藏着尖刀，你猜不透他的心思，也看不出他内心的真实想法，在不知不觉中，你就会被利用。

口无遮拦，说话无所顾忌的朋友不能要。这种朋友，他就是一个天生的八卦，嘴上就像没有把门的一样，不管什么话，都不经过大脑思考就脱口而出，经常说出一些影响团体稳定的话，有时还会把朋友的小秘密随口说出，让朋友的隐私变成公开的秘密，让朋友在众人心目中的形象变差，甚至会引起朋友之间的矛盾冲突，让朋友关系破裂。

惹是生非，喜欢搬弄是非的朋友不能要。这种朋友喜欢到处探听别人的隐私，到处散播各种小道消息，看似有很多的听众，但谁都不会跟他真心交往，因为谁也不希望自己的各种小秘密被他说给众人听。而且，如果你和他是朋友，那么大多数人也会认为你也是这样的人，因为物以类聚，人以群分。这样，你会被很多人孤立，失去很多朋友。

游手好闲，没有梦想目标的朋友不能要。这种朋友整天想的不是如何学习、如何进步，而是怎么逃避学习，怎么去玩游戏，每天宝贵的时间都在游戏玩耍中挥霍浪费，对未来没有规划，对

即将到来的挑战没有任何准备。与这种人在一起时间长了，自己也会变得懒散，不求上进，当机会来临时，只能失之交臂，将来很难有所成就。

有不良嗜好，无法戒除的朋友不能要。这种朋友，不管你们关系有多铁，也不管你有多出淤泥而不染，他的一些坏的习惯总有一天你会沾上。如果事情并不严重，比如抽烟、喝酒等坏习惯，只是给你也带来了不良嗜好，使你在众人眼中形象变差，失去一些优秀的朋友；如果事情比较严重，比如赌博、吸毒等坏嗜好，会直接毁掉你的人生，甚至会毁掉你的家庭，让你陷入万劫不复的境地。

没有爱心，冷酷无情的朋友不能要。这种人个性冷漠，没有爱心，对什么都不关心，他想怎么做就怎么做，根本不会在意别人的感受，什么事情也没有办法打动或感动他。这种朋友是没有感情的，如果他对你很好，十有八九也是装出来的，一个没有爱心的人是不可能对别人掏心掏肺的，所以也不可能成为你真正的好朋友。

小试牛刀

下面是几个小伙伴在清理朋友时的做法，结合上面的提示，来说说你的感受吧。

徐启文刚刚结交了一个新朋友，他觉得这个人学习成绩优异，篮球打得还特别好，就想与他成为好朋友。可是，没几天，他就发现了这个朋友也太爱抱怨了。抱怨老师讲课太快，来不及做笔记；抱怨老师布置作业太多，晚上又得做到很晚；抱怨同学们跑操时速度太快，让自己太累；抱怨同学们站队太快了，自己来不及收拾东西；抱怨篮球场上队友传球太猛，让自己没接住球；抱怨队友投篮不进，浪费自己给他创造的机会……徐启文跟他在一起没几天，突然发觉自己也变得喜欢抱怨了，他猛然警觉：这样的朋友不能交！

整理能手做分析

这样选择的优点是＿＿＿＿＿＿＿＿＿＿＿＿＿＿＿＿＿＿＿＿＿

我的建议是＿＿＿＿＿＿＿＿＿＿＿＿＿＿＿＿＿＿＿＿＿＿＿＿＿

原因是＿＿＿＿＿＿＿＿＿＿＿＿＿＿＿＿＿＿＿＿＿＿＿＿＿＿＿

范成文刚刚转入一个新学校，与同桌很快成为了朋友。对于朋友，他是真心地付出。于是，每天早晨到校以后，他都会把自己和同桌的桌子擦得干干净净的，桌洞里的垃圾也都清理掉。等朋友来了以后，他提醒同桌把作业拿出来交上。有时，同桌需要帮忙时，他总是主动站出来。有一次，他生病了，很不舒服，到学校里以后什么也没干，就趴在桌子上休息一下。同桌来了以后，看他不舒服，不是问候他身体怎么样，而是抱怨他，怎么没给自己整理桌面卫生，都被卫生委员扣分了，这让他心里极为不舒服。他回想自己与同桌交朋友以后，对方没有帮过自己什么忙，总是自己在付出，自己付出后得到的不是感谢，而是对方无休止的索取，这样的朋友不要也罢。

整理能手做分析

这样选择的优点是＿＿＿＿＿＿＿＿＿＿＿＿＿＿＿＿＿＿＿＿＿

我的建议是＿＿＿＿＿＿＿＿＿＿＿＿＿＿＿＿＿＿＿＿＿＿＿＿＿

原因是＿＿＿＿＿＿＿＿＿＿＿＿＿＿＿＿＿＿＿＿＿＿＿＿＿＿＿

周彤娜与闫子珍建立了朋友关系，她觉得对方就像一个小

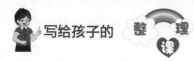
公主，天真无邪，惹人喜爱，于是对她非常照顾。一天，她在做数学题时，冥思苦想半天也没做出来，就向闫子珍请教。闫子珍想了半天也没做出来，周彤娜就随口一说：要是你是数学高手就好了。没想到，这句话被闫子珍听到了心里去，她认为周彤娜觉得自己数学不好，帮不了什么忙，为此，她郁郁寡欢了好久。周彤娜知道后，心里很是过意不去，自己随口的一句话就给对方造成了这么大的心理压力。从此以后，她与闫子珍的对话都格外小心，生怕自己不小心又伤害了她。可是，每说一句话之前都要深思熟虑，让她觉得心好累呀。

整理能手做分析

这样选择的优点是＿＿＿＿＿＿＿＿＿＿＿＿＿＿＿＿＿＿

我的建议是＿＿＿＿＿＿＿＿＿＿＿＿＿＿＿＿＿＿＿＿＿＿

原因是＿＿＿＿＿＿＿＿＿＿＿＿＿＿＿＿＿＿＿＿＿＿＿＿

　　侯玉成刚刚通过篮球与郭浩光建立了朋友关系，他们经常在楼下的篮球场打球。一天，郭浩光告诉他，自己认识一个 CBA 的超级高手，能得到一张签名照，到时候送给侯玉成一张。为此，侯玉成兴奋了好久，还忍不住告诉了自己班里的同学。没想到，这张签名照，他等了一天又一天，一周又一周，一直没有等到。他去找郭浩光，对方总是用各种理由推托，最后没办法了，只好向他承认自己其实并不认识 CBA 的超级高手，签名照也没有，都是自己吹牛皮呢。侯玉成知道后，很无奈地跟自己班上的同学说，自己拿不到签名照了，结果被同学们嘲笑了好久，还被同学们称为"牛皮高手"，为此他心情失落了好久。

整理能手做分析

这样选择的优点是_____

我的建议是_____

原因是_____

王新泽刚刚结实了一个新朋友，这个朋友能力很强，什么事情都能在班里排上号，学习成绩好，绘画水平高，唱歌好听，围棋常胜，篮球是校队的……他觉得自己能和这样的人交朋友，是自己的荣幸。自己跟他在一起时，不管干什么，他都会把事情安排好，自己只需要按照他的想法去做就好了。有一次，当他提出自己的想法时，被这朋友挖苦了一顿，他俩争执了几句，最终王新泽还是按照朋友的要求去做了。时间长了以后，王新泽忽然发现，自己什么事情都是听从朋友的安排，好像不会独立思考了。他禁不住扪心自问：我还是我自己吗？

整理能手做分析

这样选择的优点是_____

我的建议是_____

原因是_____

郑梦桐刚刚与王云兰建立朋友关系，她认为王云兰是自己的知己，因为自己在跟她交流时，她对自己的观点都非常赞同，还不

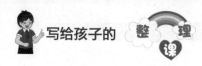

断夸自己知识面广，见解独到，而且很多事情和问题她都来征求自己的意见。这样郑梦桐越来越喜欢与她交流，而且她还经常把自己喜欢的一些小东西作为礼物送给王云兰。可是，一次在上厕所时，由于厕所门是关着的，她听到了王云兰对同学说：郑梦桐看待问题太简单了，还整天觉得自己很能似的，不管啥事都跟我说她的看法，烦都烦死了，还是你看问题有深度，我特别佩服你！

整理能手做分析

这样选择的优点是_____

我的建议是_____

原因是_____

　　蒋欣羽是班上各方面表现都很优异的同学之一，这几天她发现刘蓉蓉在刻意接近自己，她总是在夸奖自己、羡慕自己，还时不时送给自己一些小文具作为礼物。她们很快就成了好朋友，慢慢地，她们开始说一些好朋友之间的真心话。可是没过多久，她就发现了一个奇怪的现象，自己的一些小秘密班上的其他同学都知道，而这些小秘密，都是她刚刚跟刘蓉蓉说过没几天，很明显，都是刘蓉蓉泄露的。从那以后，她果断地与刘蓉蓉断绝了关系，她的小秘密也就没有再泄露过。

整理能手做分析

这样选择的优点是_____

我的建议是_____

原因是_____

　　徐欣水是班上的小八卦，学校最近发生了什么事情，找她肯定都能问出来，她还附赠一部分自己的见解，所以，经常有人围在她的身边，向她打听各种小道消息。同学们都说，她的朋友很多，所以信息来源很广。崔夏兰在向她咨询过几次事情后，非常佩服她，就刻意与她多接触，久而久之，她俩就成了好朋友。可是没多久，崔夏兰发现一个奇怪的现象，她身边的其他朋友都离她而去了。她去追问原因，朋友说：我可不希望你把我的秘密都告诉徐心水，那全校不就都知道了？

整理能手做分析

这样选择的优点是＿＿＿＿＿＿＿＿＿＿＿＿＿＿＿＿＿＿＿＿

我的建议是＿＿＿＿＿＿＿＿＿＿＿＿＿＿＿＿＿＿＿＿＿＿＿

原因是＿＿＿＿＿＿＿＿＿＿＿＿＿＿＿＿＿＿＿＿＿＿＿＿＿

夏文乐的同桌是贾天宝，她很清楚贾天宝在游戏上面特别有天赋，玩各种网络游戏，很快就能成为其中的佼佼者。贾天宝还经常向他介绍各种游戏，在他的劝说下，夏文乐开始尝试玩游戏了。于是，两人的话题都围绕着游戏展开，时间也都花在了游戏上。等到一个学期结束，他们两人游戏玩得倒是有声有色，可是考试成绩就稳稳垫底了。老师知道以后，把他俩的座位调开了，还专门找夏文乐沟通交流，让他放弃了游戏，把心思放到学习上来。

整理能手做分析

这样选择的优点是＿＿＿＿＿＿＿＿＿＿＿＿＿＿＿＿＿＿＿＿

我的建议是＿＿＿＿＿＿＿＿＿＿＿＿＿＿＿＿＿＿＿＿＿＿＿

原因是＿＿＿＿＿＿＿＿＿＿＿＿＿＿＿＿＿＿＿＿＿＿＿＿＿

赵飞鸿已经是初中生了，他看到身边的大人在抽烟，觉得特

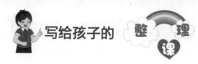

别有男人味，于是他偷了父亲的烟，在没人注意时，学着大人吞云吐雾，仿佛自己已经成为大人了。有时，看到朋友关注自己，他就询问一下同学们是不是也有抽烟的，有抽的就分一份烟。结果，有一次他在厕所抽烟时，被班主任老师发现了，老师把这件事当作一件典型事例在班里公开批评。后来他发现，自己身边的朋友都开始远离自己了，在班级评议时，他以前的高分再也不见了。

整理能手做分析

这样选择的优点是 _____

我的建议是 _____

原因是 _____

习子彤长得很漂亮，按理说，她应该有很多朋友，可是事实却恰巧相反，她的朋友少得可怜。她本来也是有很多朋友的，可是后来慢慢地，大家都不跟她一起玩了。其中一个朋友说：她太冷漠了，作为朋友，我的手受伤了，她都不问候一下，不关心一下，让我非常伤心，从那以后，我就知道，她不会成为我的朋友。老师告诉习子彤：对待朋友要有爱心，真正从朋友的角度出发去感悟事情、去考虑事情、去做事情，这样就能收获大量的好朋友。在她做出改变后，果然，习子彤的朋友开始明显增多。

整理能手做分析

这样选择的优点是 _____

我的建议是 _____

原因是 _____

■我的新计划

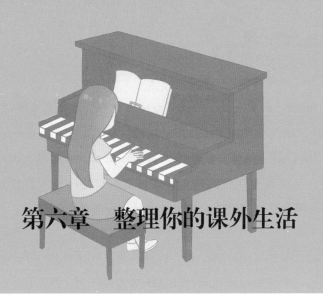

第六章　整理你的课外生活

1. 小伙伴的课外生活

　　小伙伴们的生活可以简单地分为校园生活和课外生活，相较于校园生活，大家对课外生活拥有更大的自主权。良好的课外生活不仅可以使大家在紧张的学习生活之余得到放松，而且可以丰富大家的业余生活，促进大家全面发展、陶冶情操。

　　合理、科学、有效地安排好自己的课外生活也是一种整理能力，每一位小伙伴都需要拥有健康、充实、丰富的课余生活，在紧张的学习生活之余放松自己，提升自己。

　　周五放学，几位小伙伴步履沉重，看样子很不愿意回家，这是怎么回事呢？第二天就是休息日了，可以休息啦，为什么这几位小同学这么不开心呢？

　　"你是不知道，我特别害怕周末，虽然不上学，可比上学还忙、还累，我妈给我制定了一个周末作息时间表：早上6点跑步，7点吃早点，8点书法班，9点半钢琴班，10点半看书、写

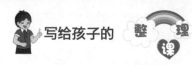

作业，12点吃午饭……我太难了！"

"哎呀，我妈也是，一大早就喊我起床，你别想多睡一会儿。然后一天的事情都给我安排得满满的，根本没有我的自由时间。"

"你们好幸福呀，我爸爸妈妈工作很忙，每到周末就我自己在家，虽然我可以想做什么就做什么，但是一个人真的好无聊呀。我倒希望他们能陪我去这里学习，去那里培训。"

……

小伙伴们，请你想一想，你是不是也有这样的烦恼：周末生活不是被家长安排得很满，就是不知道做什么。你不想这样继续下去了，你希望周末时光可以开开心心，有时间做自己喜欢的事情。如果你这样想的话，那么恭喜你，你已经有了整理课余生活的想法了。

■爱整理，会生活

提高效率＋自律＋合理安排时间＋以兴趣为主导＝充实的课外生活

提高效率，于无支配权中挤出自己的时间，这是成功小伙伴的一个共性。很多小伙伴都有共同的困惑，不是我没有合理安排时间的能力，而是家长、老师没给我时间让我去自行安排。一到周末、放学后，不仅要完成各科作业，还要参加各种兴趣班、特长班，时间都被排满了，哪有我自由安排的时间啊。如果你处在这样的心态下，不管干什么都容易走神，而走神是非常浪费时间的一种低效行为。在没有其他解决方案的时候，小伙伴们不妨集中注意力，提高效率，全身心地投入每一件事情，这样坚持下来就能挤出属于自己的时间了。

不管是写作业还是上兴趣班，集中注意力，全身心地投入是提升效率最有效的方式之一，人不是机器，不可能长时间集中注意力，总会出现短暂的走神状态，这时候应该关注自己的状态，及时拉回自己的注意力。

注意力集中的程度决定做事的效率，研究数据表明：考入名校的学生存在一个共同点，那就是学习的时候，他们的注意力非常集中。长久的专注慢慢就会将人和人之间的距离拉大。

创造良好环境，可以帮助我们提高效率。好的环境有助于小伙伴们减少注意力的分散，学习的环境尽量布置得简单一些，除了必要的学习用品之外，尽量不要放其他无用的物品。很多家长注重孩子房间的美观，放入很多装饰物品，整个房间看上去，满满当当的。其实，像中国画一样适当地留白不仅可以使视觉上产生美感，还能在一定程度上提升生活效率。

提高效率，用对方法很重要。小伙伴可以去借鉴他人总结的

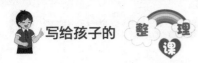

学习方法，来提高自己的效率。但不建议全盘照搬，因为好的学习方法不一定适合每个人，找对适合自己的学习方法才能事半功倍。站在巨人的肩膀上前行可以减少一些困难，但是我们不能失去自己的判断，批判性地吸收，将外在的方法内化为自己的，才能真正发挥最大的作用。

　　适当的时间开始适当的事情，节省精力的同时可以提升我们做事的效率。拖延症不是一个好的习惯，但过于提前准备一件事情也是一种低效的行为，过长的战线除了消耗时间还会消耗人的精力，降低我们的效率，造成时间的浪费。

小试牛刀

　　下面是几个小伙伴在整理自己的课余生活时做出的决定，结合上面的提示，你来给点建议吧。

　　王晓亮是三年级的学生，他特别喜欢周末。每到周末，他才不像别人那样睡懒觉呢，他仍然早早起床，麻利地穿好衣服，主动坐到学习桌前开始写作业。作业可真不少，但他一点儿也不愁，按照计划一项又一项地依次完成。终于做完作业了，然后是妈妈安排的背英语单词，接着上一节网课……妈妈安排的任务终于都完成了，还有小半天和一晚上的时间可以自由安排，看看课外书，听听故事，玩会儿游戏，真是太惬意了！

整理能手做分析

　　这样选择的优点是＿＿＿＿＿＿＿＿＿＿＿＿＿＿＿＿＿＿＿

　　我的建议是＿＿＿＿＿＿＿＿＿＿＿＿＿＿＿＿＿＿＿＿＿＿＿

　　原因是＿＿＿＿＿＿＿＿＿＿＿＿＿＿＿＿＿＿＿＿＿＿＿＿＿

杨洋是二年级的小学生，在妈妈眼里他非常听话，让写作业也会去写，就是速度特别慢，效率特别低。就拿写生字来说，每写完一个生字都要发一会儿呆，或者玩一玩这个，动一动那个……所有能玩的东西他都要慰问一遍。每次陪杨洋写作业，妈妈都会看到他的这种行为表现，总是忍不住生气。班主任与他妈妈交流时说，在家要尽量简单布置学习环境，除了必要的学习用品之外，其他物品一律先收起来。当没有外部的干扰时，杨洋的效率提高了很多。

整理能手做分析

这样选择的优点是＿＿＿＿＿＿＿＿＿＿＿＿＿＿＿＿＿＿＿

我的建议是＿＿＿＿＿＿＿＿＿＿＿＿＿＿＿＿＿＿＿＿＿＿

原因是＿＿＿＿＿＿＿＿＿＿＿＿＿＿＿＿＿＿＿＿＿＿＿＿

李欣是初二的学生，她下个月要参加市里的主持人比赛，面对压力，她有些紧张。但是她知道光紧张是没有用的，她就把自己的课外活动进行了暂时的调整，每天都要拿出一个小时进行训练，每次训练她都全身心地投入，她练习一小时的效果，远远大于其他同学练习两个小时的效果。一个小时的时间并不影响她休息，她就这样一直高效地准备了将近一个月。在比赛中，由于她准备充分，发挥非常好，取得了主持人大赛的第一名。

整理能手做分析

这样选择的优点是＿＿＿＿＿＿＿＿＿＿＿＿＿＿＿＿＿＿＿

我的建议是＿＿＿＿＿＿＿＿＿＿＿＿＿＿＿＿＿＿＿＿＿＿

原因是＿＿＿＿＿＿＿＿＿＿＿＿＿＿＿＿＿＿＿＿＿＿＿＿

自律意识，让小伙伴的课外生活更容易获得成功。自律，就是自我约束能力，缺少自律的人，很容易受到各种各样主客观原因的干扰，很难去做好一件事情，达到一定的目标。培养小伙伴的自我控制能力，是让大家学会自我规范、自我约束，无论在任何场合都能自觉地控制自己的行为，不出差错，遵守规则。

自律第一原则——三思而后行：三思而后行是说做事情之前要考虑周全，不要冲动做事，进一步可以理解为控制好自己的情绪，常说的冲动是魔鬼就是这个意思，人有情绪是常情，但是要有控制情绪的能力，这也是自律的重要表现之一。

学会规划：凡事预则立，不预则废，相比于校园生活，课外生活具有更多的自主性，需要大家做好时间安排，规划好需要做的事情，才能不荒废课余时间。反之，在课余生活中不提前进行规划，想到什么做什么，缺乏规划性，会极大地降低做事的效率。

适当的坚持：万事开头难，任何被羡慕的能力背后一定都付出了不为人知的努力，做一件事的过程中会遇到很多困难，这个时候不放弃，便取得了第一阶段的成功。

小试牛刀

下面是小伙伴在课外活动中发生的故事，结合上面的提示，你来给点建议吧。

冯浩翔是二年级的学生，他的字写得太难看了，经常被同学嘲笑，妈妈也是整天说他，于是他便让妈妈给他报了一个书法班。书法班刚开始时，主要是纠正握笔姿势、书写姿势，他之前的姿势不正确，所以他每天都要头上顶书练习20分钟。后期主要是基本笔画的练习，也是让人感觉枯燥乏味，每次刚写几分钟就想休息，但是为了最终的目标，他严格要求自己，必须达到要求才能休息。就这样，经过一个学期的努力，他的书写水平有了很大的进步，已经多次被老师公开表扬了。

整理能手做分析

这样选择的优点是＿＿＿＿＿＿＿＿＿＿＿＿＿＿＿＿＿＿＿＿＿

我的建议是＿＿＿＿＿＿＿＿＿＿＿＿＿＿＿＿＿＿＿＿＿＿＿＿＿

原因是＿＿＿＿＿＿＿＿＿＿＿＿＿＿＿＿＿＿＿＿＿＿＿＿＿＿＿

三年级的兰欣雨钢琴已经过了四级，在班级汇报演出中赢得了大家的喝彩。同班同学黄兰睿很是羡慕，也想学钢琴，妈妈给她报了钢琴班。可刚上了两节课，黄兰睿就不愿意去了，她觉得弹钢琴太难了，不是手腕抬得太高了，就是手腕压得太厉害了，总是被老师提醒。她觉得自己没有学习钢琴的天赋，反正自己弹不好钢琴也不会影响以后的生活，不如就这样放弃吧。妈妈告诉她，台上一分钟，台下十年功，任何人的成功都不是偶然的。

整理能手做分析

这样选择的优点是＿＿＿＿＿＿＿＿＿＿＿＿＿＿＿＿＿＿＿＿＿

我的建议是＿＿＿＿＿＿＿＿＿＿＿＿＿＿＿＿＿＿＿＿＿＿＿＿＿

原因是＿＿＿＿＿＿＿＿＿＿＿＿＿＿＿＿＿＿＿＿＿＿＿＿＿＿＿

三年级一班的王晓兰最近失信了，她有点儿迷茫，不知道自己做得对不对。

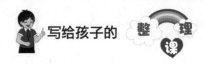

事情是这样的：班长最近在组织一个大型演讲比赛，她看王晓兰比较热爱写作，就邀请晓兰写比赛的主持稿。晓兰也想通过这个平台锻炼一下自己，于是欣然接受。班长明确规定了任务的完成期限。当时正是星期天，晓兰回家后，到了真正需要写主持词的时候，她却有些矛盾了，理智告诉她，应该立即开始写。但情感上却感觉自己想上网，想出去玩。一番纠结之后，晓兰选择了出去玩。到了日期没有交稿，晓兰只好向班长谎称自己有其他事给耽搁了。从此之后班里再有其他活动，班长都不再考虑晓兰了。

整理能手做分析

这样选择的优点是＿＿＿＿＿＿＿＿＿＿＿＿＿＿＿＿＿＿

我的建议是＿＿＿＿＿＿＿＿＿＿＿＿＿＿＿＿＿＿＿＿＿

原因是＿＿＿＿＿＿＿＿＿＿＿＿＿＿＿＿＿＿＿＿＿＿＿

合理安排时间，让小伙伴的课外生活变得更加高效。 拥有合理安排时间的能力可以减少不必要的时间浪费，还可以锻炼思维、使生活有张有弛、提高做事情的效率。合理的安排，可以使自己得到良好的休整，让自己时刻保持旺盛的精力，以饱满的热情参与兴趣学习与活动，当养成良好的生活习惯后，能让快乐更长久。

时间观念很重要，我们要规定好每件事情需要的时间。做每件事情之前，有一个时间预估，尽可能在这个时间段内完成，这样既不会影响后期的工作，还会给自己带来一定的成就感。

充分利用碎片时间，干一些可随手完成的事情。短短的五分钟很不起眼，对吧？只是一个小时浪费五分钟，十个小时要浪费多少时间？一天、一周、一个月呢？你自己算一算，要浪费多少时间？所以千万不要浪费点滴时间。

科学安排时间要注意劳逸结合。安排时间的时候，一定要记得留出休息的时间，不然你会像一个陀螺一般永远停不下来，比如这一个小时内我要做好某件事，但其实一个小时的时间是非常宽裕的，还能留出五分钟作为自由活动的时间。那么你可以利用这五分钟起身活动一下，这样一来，你既不会过于忙碌，也不会将时间浪费。

不要给自己过多"偷懒"的时间：能用半个小时完成的事情，就不要给自己预留一个小时的时间，预留的时间过多只会培养自己拖延的坏毛病。

小试牛刀

下面是小伙伴在安排自己课外生活时的故事，结合上面的提示，你来给点建议吧。

毛小雨刚刚踏入小学的大门，成为一名小学生了。她的生活与幼儿园不同了，开始需要完成作业了。虽然每天的作业并不多，可是她却经常要到很晚才完成。原来，她认为作业很少，只需要一小会儿就能完成，可以先玩一会儿。结果每次都是玩到要睡觉了，才想起来还有作业，去做作业时，却发现原本以为一小会儿就能完成的作业，需要的时间却很长。妈妈告诉她，时间观念很重要，对需要做的事情要有一个合理的预估。

整理能手做分析

这样选择的优点是＿＿＿＿＿＿＿＿＿＿＿＿＿＿＿＿＿＿＿

我的建议是＿＿＿＿＿＿＿＿＿＿＿＿＿＿＿＿＿＿＿＿＿＿

原因是＿＿＿＿＿＿＿＿＿＿＿＿＿＿＿＿＿＿＿＿＿＿＿＿

张天昊是四年级的学生，他看到班里同学们都多才多艺，他也想让自己变得更加优秀，于是他让妈妈给他报了书法班、钢琴

班、篮球班、美术班、机器人编程班。这么多的特长班，把他的课外时间占得满满的，让他没有一点儿休息的时间，有时连完成作业的时间都不够。他不仅特长没学好，自己的身体也已经快拖垮了。妈妈看他实在太累了，就把特长班给他缩减到两个，这样他感觉自己轻松多了，能以更饱满的精神去参与学习，学习效果反而更好了。

整理能手做分析

这样选择的优点是_____

我的建议是_____

原因是_____

封清雅是六年级的学生，她的学习任务很重，但是她依然能早早完成作业，还有时间娱乐放松。她每天都早早起床，充分利用早晨记忆力最好的时间，在上学出门前的这段时间里，她把昨晚背诵的内容拿出来，再巩固一下。在妈妈开车接送她的路上，她也在不断巩固背诵或者背诵新的内容。中午和晚上，在等待父母做饭的时间，她会把作业先写一部分，以减少晚上的作业量。这样一天当中，各种碎片化的时间加起来，已经两个多小时了。到了晚上，她剩下的作业已经不多了，很快就能完成。

整理能手做分析

这样选择的优点是_____

我的建议是_____

原因是_____

以兴趣为主导，让小伙伴的课外生活助力特长起飞。小伙伴生来就对周围世界具有强烈的好奇心和求知欲，这种好奇心和求知欲是推动大家不断学习成长的内在动力，所以兴趣是大家不断成长的最佳发动机。

兴趣有很多种，有锻炼身体为主的兴趣，有发展智力的兴趣，有陶冶情操的兴趣。

以锻炼身体为主的兴趣，如球类运动中的足球、篮球、乒乓球、羽毛球、网球等，如技能类的游泳、滑旱冰、滑雪等，如锻炼身体类的散打、跆拳道等。

以开发智力为主的兴趣，如棋类中的围棋、国际象棋、象棋等，如各种编程、建模、科技创新等。

以陶冶情操为主的兴趣，如书法、绘画、钢琴、架子鼓、唱歌等。

每个人的天赋不同，所擅长的领域也不同，在擅长的领域，只需要付出较少的努力就可以取得很高的成绩，在不擅长的领域，即使付出比别人多得多的努力，也不一定能达到别人的巅峰水平。时间对每个人都是平等的，在有限的时间内想让自己取得更大的成就，就需要在开展课外活动时，选择自己喜欢的、擅长的领域，事半功倍。

小试牛刀

下面是小伙伴在安排自己课外生活时的故事，结合上面的提示，你来给点建议吧。

高小凤是二年级的小学生，她从小就对音乐感兴趣。她的妈妈说，她在四岁时，看到有人在弹钢琴，就围过去看，一看就是好半天，也不哭，也不闹，非常享受。于是，妈妈就给她报了一个钢琴班。她在练习钢琴时，虽然老师的要求很严格，但是她从来不喊苦、不喊累，别人眼中痛苦的每天钢琴练习对她来说都是

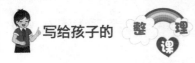

一种享受。就这样，她现在已经考过了钢琴六级了。

整理能手做分析

这样选择的优点是＿＿＿＿＿＿＿＿＿＿＿＿＿＿＿＿＿＿＿＿

我的建议是＿＿＿＿＿＿＿＿＿＿＿＿＿＿＿＿＿＿＿＿＿＿＿＿

原因是＿＿＿＿＿＿＿＿＿＿＿＿＿＿＿＿＿＿＿＿＿＿＿＿＿＿

高沛轩是四年级的小学生，他从小就跟着爸爸在家中看 NBA 联赛直播，非常喜欢篮球。他一直牢记科比·布莱恩特的一句话：你见过凌晨 4 点的洛杉矶吗？原来，科比虽然是一个篮球巨星，他仍然每天坚持早起练球。在他上一年级时，爸爸给他报了一个篮球班。他对篮球的热爱终于有了爆发的出口，每到下午放学，他都会在篮球场练习控球，渐渐地，他控球水平越来越高，篮球就跟粘在了他的手上一样。到了二年级，他开始每天练习投篮，他的投篮命中率也变得越来越高。到了三年级，他被破格选入学校篮球队，并在赛场上担任主力控球后卫。

整理能手做分析

这样选择的优点是＿＿＿＿＿＿＿＿＿＿＿＿＿＿＿＿＿＿＿＿

我的建议是＿＿＿＿＿＿＿＿＿＿＿＿＿＿＿＿＿＿＿＿＿＿＿＿

原因是＿＿＿＿＿＿＿＿＿＿＿＿＿＿＿＿＿＿＿＿＿＿＿＿＿＿

秦子墨是初中一年级的学生，他的爸爸是一个公司的程序员，已经开发出了很多自己的产品。他看到爸爸把他的很多创意变成了一个个应用程序，被大家广泛下载使用，非常羡慕。于是，他就跟爸爸学起了编程。编程的各个命令枯燥难记，但是为了达到熟练编程的目标，他也不怕难，一个又一个地记住、练熟。很快，他就在爸爸的指导下开发出了一个小游戏，给班里同学玩后，得到了大家的一致好评。大家的肯定给了他更大的动力，他开始跟着爸爸学习更高深的编程技巧。后来，他凭借强大的编程实力，在全市的编程大赛中轻松斩获一等奖。

整理能手做分析

这样选择的优点是＿＿＿＿＿＿＿＿＿＿＿＿＿＿＿＿＿＿＿＿

我的建议是＿＿＿＿＿＿＿＿＿＿＿＿＿＿＿＿＿＿＿＿＿＿＿＿

原因是＿＿＿＿＿＿＿＿＿＿＿＿＿＿＿＿＿＿＿＿＿＿＿＿＿＿

■我的新计划

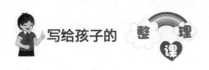

2. 这是我需要的课外生活

　　不管是被各种学习任务占满的课外生活，还是不知所措的课外生活，都不是小伙伴们需要的课外生活。良好的课外生活具有科学性、合理性，可以丰富大家的业余生活，能力得以锻炼的同时，也能使大家得到放松。想要安排好自己的课外生活，这需要小伙伴们具备对课外时间的整理能力。整理能力很多是后天养成的，只要现在开始学习，每位小伙伴都可以拥有良好的课外生活。

　　校门口不远处有几位妈妈一边等待即将放学的孩子，一边热烈地讨论着。

　　"又到周末了，每到周末家里就是鸡飞狗跳，周五放学回家就玩游戏，让写作业就推明天，早上怎么喊都不起，我们中午饭都吃完了，那边才懒洋洋地起来，一点时间观念都没有。"

　　"我们家孩子每到周末要上各种兴趣班，上课的是他，我比他还累，早上生拉硬拽才能拽起来，起来之后磨磨蹭蹭。"

　　"都是一样的，好像学习是给我学的，自己一点儿都不急不忙，有一回我和他爸有事不在家，孩子自己玩了一天的游戏，一点儿作业没写，第二天要交作业急得不行不行的。"

　　……

　　回想一下，在课外生活中，你有没有过这样的感受：如果爸爸妈妈不给你布置任务，你就不知道做什么；你是不是总抵挡不住游戏、电视的诱惑，你也很想专心地写作业，可是不安分的小手总想四处动一动；爸爸、妈妈、老师总是责怪你做事拖拉，没有时间观念……其实这并不是你真实的样子，你觉得自己是一个很会安排事情的小能手，只是缺少一些方法。如果是这样，我们一起来看看如何合理安排课余生活，有效利用时间吧。

■爱整理，会生活

劳逸结合 + 有所收获 + 陶冶情操 + 能力提升 = 有意义的课外生活

劳逸结合，是小伙伴课外生活的基础要求。小伙伴在日常的学习生活中或多或少都会有一定的压力，如果在课外生活中不能得到放松，长时间处在压力的状态下，会对大家接下来的学习产生不良影响，所以课外生活最基础的一个功能是让大家得到放松。

放松要有意义。很多学生确实在课外生活中得到了放松，不是从白天睡到晚上，就是一味地沉迷于游戏、动画片、电视剧中，虽然没有了学习的压力，但是良好的生物钟被打乱了，对接下来的学习也不会起到积极的影响，反而有些同学还会产生无聊情绪。真正放松的课外生活是对身心都有益的，大家在心理上可以感到愉悦，比如看书、做手工、听音乐，利用课外时间去培养、去发展自己的兴趣爱好。

大脑运用要科学。很多小伙伴误以为劳逸结合的课外生活就是尽情地玩耍游乐，其实并不是这样。劳逸结合的课外生活不只有"逸"，还有"劳"，一到假期生物钟全乱，白天不起晚上不睡、饥一顿饱一顿、每天无所事事，这不是放松，是放纵。大脑需要休息，但是不能长时间不用之后再让它工作，我们在课外生活中也应该科学地运用大脑。

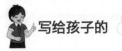

小试牛刀

下面是几个小伙伴的课外生活，结合上面的提示，你来给点建议吧。

李岚是一名初中二年级的学生，平时的作业比较多，学习任务比较重，经常很晚才能睡觉，他最大的愿望就是每天都能够睡到自然醒。假期来了，终于不用上学了，李岚和床就成了最亲密的朋友，日上三竿不起床，吃饭不规律，作业今天推明天，明天推后天。随着时间的拉长，李岚并没有越来越开心，而是越来越焦虑，他担心作业做不完，却又不想写作业，日复一日，堆积的作业越来越多，他最喜欢的睡觉也睡不好了。其实，如果每天都完成一点儿作业的话，李岚可以有很多的空闲时间来做自己喜欢的事情。

整理能手做分析

这样选择的优点是＿＿＿＿＿＿＿＿＿＿＿＿＿＿＿＿＿＿＿＿

我的建议是＿＿＿＿＿＿＿＿＿＿＿＿＿＿＿＿＿＿＿＿＿＿＿

原因是＿＿＿＿＿＿＿＿＿＿＿＿＿＿＿＿＿＿＿＿＿＿＿＿＿

王海鸣是小学五年级的学生，他非常喜欢打篮球，每天的课间都要去篮球场打一会儿。王海鸣特别期盼假期，那样就可以天天打篮球了。一到周末，王海鸣几乎泡在篮球场上，有人就一起打比赛，没人就自己熟悉球性，尽情地挥霍自己的体力与精力。周一上课时，他的精神状态非常不好，总是犯困，久而久之学习成绩也慢慢下滑。老师找王海鸣谈心，告诉他：周末应该劳逸结合，不能太累，王海鸣却认为打篮球就是和日常的学习进行劳逸结合。

整理能手做分析

这样选择的优点是＿＿＿＿＿＿＿＿＿＿＿＿＿＿＿＿＿＿＿＿＿

我的建议是＿＿＿＿＿＿＿＿＿＿＿＿＿＿＿＿＿＿＿＿＿＿＿＿＿＿

原因是＿＿＿＿＿＿＿＿＿＿＿＿＿＿＿＿＿＿＿＿＿＿＿＿＿＿＿＿＿

郑春晓已经上四年级了，他总感觉自己的学习成绩不理想，每到放学后，他都是默默地一个人回到家里，除了吃饭就是埋头苦学，每天都要做好多练习题，熬到深夜是家常便饭。如此日复一日，他的身体日渐消瘦，精神日渐萎靡，可是学习成绩并没有多大提高。妈妈看到他的情况，心中也是暗自苦闷，为什么付出这么多，却是收获甚微呢？班主任李老师了解到他的情况后，对他进行了学习方法的指导，帮助他把知识吃透，举一反三，劳逸结合。在李老师的指导下，郑春晓学习时间大幅减少，学习成绩却大幅提升。

整理能手做分析

这样选择的优点是＿＿＿＿＿＿＿＿＿＿＿＿＿＿＿＿＿＿＿＿＿

我的建议是＿＿＿＿＿＿＿＿＿＿＿＿＿＿＿＿＿＿＿＿＿＿＿＿＿＿

原因是＿＿＿＿＿＿＿＿＿＿＿＿＿＿＿＿＿＿＿＿＿＿＿＿＿＿＿＿＿

有所收获，让小伙伴的课外生活不虚度。小伙伴们一到休息的时间很少有无所事事的，大多都是奔波于各种兴趣班之间，有的小伙伴排的课程比上学时都紧，但是效果并不理想，而且还把自己弄得特别疲惫。看到同学钢琴弹得特别好，就也想学习钢琴；看到同学练习跆拳道很帅气，就也有点儿蠢蠢欲动；看到同

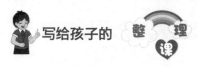

学画画很漂亮，就也有点儿心动……想尝试很多东西，可是没有哪件事情能一直坚持下来，如果你有这样的困扰，你应该学一学如何让自己的课外生活过得有所收获。

培养兴趣，让兴趣变为你坚持的动力。万事开头难，每一样被人羡慕的能力背后都付出了不为人知的努力，如何度过开始的困难期，激发兴趣很关键，外在的推力可以让大家坚持一时，但不会一直有效，只有培养内在动力——兴趣，才会主动坚持。并且随着时间的推移，我们会在学习中收获成就感。

善于发现，于细微处寻找快乐。用开心的视角观看世界，世界处处都是欢乐，用欣赏的眼光观看万物，物物皆动人，外在的事物是什么样的，取决于我们用什么心态去对待。飞奔是猎豹的优势，慢行是乌龟的生活态度，善于观察万物，发现各自的优点，于平淡中收获不凡。你的优点是什么，你找到了吗？

小试牛刀

下面是几个小伙伴的课外生活，结合上面的提示，你来给点建议吧。

李冉是初中一年级的学生，从小就很喜欢小动物，养过狗狗、小猫、小乌龟，但是没有一只养的时间超过两个月。刚升入中学的李冉又想养一只鹦鹉，爸爸妈妈都坚决不同意，因为每次买回小动物后，都是爸爸妈妈帮李冉照顾，她只负责偶尔与小动物玩一玩。这一次妈妈问她：你是真的对养鹦鹉感兴趣吗？你会照顾它的饮食吗？你会每天坚持给它打扫卫生吗？如果能做到，可以买，如果做不到，请不要再提这样的要求。

整理能手做分析

这样选择的优点是＿＿＿＿＿＿＿＿＿＿＿＿＿＿＿＿＿＿＿

我的建议是＿＿＿＿＿＿＿＿＿＿＿＿＿＿＿＿＿＿＿＿＿＿＿

原因是＿＿＿＿＿＿＿＿＿＿＿＿＿＿＿＿＿＿＿＿＿＿＿＿＿

刘一鸣是小学三年级的学生，在陪妈妈逛街的时候，看到了一个大哥哥在街头表演架子鼓。他被大哥哥表演时的快乐状态所感染，直瞪瞪地看了半个小时，还时不时地拍手鼓掌。妈妈看出了刘一鸣对架子鼓真心热爱，给他报了个架子鼓培训

班。在培训班上刘一鸣学习热性非常高涨，经常向老师请教不懂的问题，很快就掌握了架子鼓的演奏技巧，能够流畅自如地演奏多首曲目，成了班里的小明星。

整理能手做分析

这样选择的优点是＿＿＿＿＿＿＿＿＿＿＿＿＿＿＿＿＿＿＿

我的建议是＿＿＿＿＿＿＿＿＿＿＿＿＿＿＿＿＿＿＿＿＿＿＿

原因是＿＿＿＿＿＿＿＿＿＿＿＿＿＿＿＿＿＿＿＿＿＿＿＿＿

王晓娟是一年级的学生，父母平时工作比较忙，就将院子里养的几只母鸡交给晓娟喂养，虽然会耽误晓娟和小朋友出去玩耍的时间，晓娟还是很不情愿地接受了。早上醒来，晓娟噘着嘴漫不经心地给母鸡喂食，心里还在想，养鸡真麻烦，真浪费时

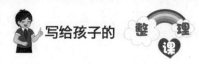

间。可第二天早晨起来，当晓娟打扫鸡窝时，发现鸡窝里多出了几个鸡蛋，晓娟终于意识到自己的付出是值得的，有劳动就会有回报。

整理能手做分析

这样选择的优点是＿＿＿＿＿＿＿＿＿＿＿＿＿＿＿＿＿＿＿＿

我的建议是＿＿＿＿＿＿＿＿＿＿＿＿＿＿＿＿＿＿＿＿＿＿＿＿

原因是＿＿＿＿＿＿＿＿＿＿＿＿＿＿＿＿＿＿＿＿＿＿＿＿＿＿

陶冶情操，让我们的课外生活更加多姿多彩。我们在学习生活中或多或少都会有烦心事，上课没有听懂，课后作业没完成，父母交代的家务活儿费很大力气还没做完……休息之余，我们需要通过整理课外生活来让自己的节奏慢下来，让自己的心静下来，在清晨的公园走一走，听听虫鸣鸟叫，呼吸下清新空气，将烦恼暂时抛之脑后，好好品味生活的味道，感受生活的色彩。

广泛涉猎，乐于阅读，于名著古籍中接受心灵的洗礼。中华文化源远流长，经过时间的沉淀，各个时代的文人志士将优良精神品质都烙印在脍炙人口的名著古籍中，激励着后人。广泛阅读可以丰富我们的精神世界，汲取前人的智慧，潜移默化地升华自己的境界，陶冶自己的情操。

乐于助人，在生活小事中闪耀人性的光辉。陶冶情操，不仅仅体现在精神上，更重要的是落实到行动中。予人玫瑰，手有余香。在日常生活中乐善好施，乐于助人，通过一件件暖心小事，让自己的心灵得到洗礼，比如自觉将生活垃圾分类投放，上下公交车时对司机师傅说声您辛苦了，在炎炎烈日下，给清洁工阿姨送上一杯清凉的绿茶……认真做好每一件力所能及的小事都是陶冶情操最有效的途径。

小试牛刀

下面是几个小伙伴的课外生活，结合上面的提示，你来给点建议吧。

刘晓磊是初中一年级的学生，刚步入初中的他不太适应中学生活，突增的作业量让刘晓磊压力很大。平时晓磊就很喜欢打游戏，升入初中后为了逃避学业压力，每天放学之后他第一时间都是打游戏，后来慢慢发展到逃课打游戏，导致成绩直线下滑。班主任找他进行了多次谈话，见他没有任何改进，只好通知了他的爸爸。爸爸知道后，每天下午放学都陪他去运动场跑步、打球，在运动中释放自己的压力。遇到他心情特别不好时，父子二人推心置腹地交谈，帮他开解心中的小疙瘩。在爸爸的陪伴下，他逐渐适应了初中的生活。

整理能手做分析

这样选择的优点是＿＿＿＿＿＿＿＿＿＿＿＿＿＿＿＿＿＿＿

我的建议是＿＿＿＿＿＿＿＿＿＿＿＿＿＿＿＿＿＿＿＿＿＿

原因是＿＿＿＿＿＿＿＿＿＿＿＿＿＿＿＿＿＿＿＿＿＿＿＿

王海青是小学五年级的学生，自从在班里看了同学带的一本武侠小说之后，王海青就对武侠小说上瘾了，一开始只是利用课下时间看，慢慢地发展到下课看，上课也看，后来他深受武侠小说中快意恩仇的江湖情结影响，在班里逐渐变得暴力起来。班主任老师注意到了他的变化，引导他逐渐放下了武侠小说，老师向他推荐历史小说，告诉他可以看着历史上那些名人在当时的条件下，是怎样一步一步走向成功，影响社会发展的。渐渐地，他成了班上的史学家，谈古论今，颇具大家风范。

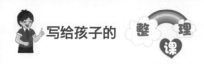
整理能手做分析

这样选择的优点是_____

我的建议是_____

原因是_____

李鑫是小学三年级的学生，平时家长很忙，但是妈妈很注重培养李鑫的公益意识。每到周末，妈妈都会带他去公园捡垃圾，去小区清除各种小广告，去帮助环卫工人打扫卫生，有时，还会带他到贫困的孤寡老人家中去做一些力所能及的劳动。虽然做的事情都很小，但他在不断参与公益的过程中，心灵得到了净化。在他的带动下，班里成立了公益小分队，大家一起参与公益事业。

整理能手做分析

这样选择的优点是_____

我的建议是_____

原因是_____

能力提升，让小伙伴在多姿多彩的课余生活中成长。良好的课余生活不仅可以让小伙伴在紧张的学习之余得以放松，还可以在能力方面得到长足发展。学习能力、与人合作能力、人际交往的能力等都可以通过课余生活得以提升。

学习能力：学习能力的强弱对小伙伴的学习有着至关重要的影响，特别是自主学习能力。靠外在的推力不能完全激发学生的学习兴趣，只有内在的主观能动性调动起来才会真正激发学生想学的心态，校园生活学生有老师的督促，课余生活则需要小伙伴的自主学习能力，利用好课余时间可以极大地丰富自己的课余生活，促进全面发展。

与人合作的能力：无论是在工作还是学习中合作能力都是必不可少的能力。很多小伙伴个人能力非常强，但是不善于与同学合作，合作并不是简单地与他人一起做一件事情，过程中需要学会接受不同的意见，合理地表达自己的意见，既能够表达自己的想法，又能够尊重他人观点，做到求同存异。

人际交往的能力：一撇一捺组成"人"字，没有人可以远离群体独自生活，小伙伴们从进入幼儿园便开始了群体生活，良好的群体生活不仅可以提升学生人际交往的能力，还能培养学生良好的性格。如何进行良好的人际交往？

尊重他人，学会感恩。真诚与尊重是人与人之间的交流基础。任何人际交往都应该建立在尊重的基础上。每个人都希望被尊重，但想要获得他人的尊重就应该先尊重他人。除此之外，常怀一颗感恩的心，不要认为别人的举手之劳就可以视而不见，最美的语言是"谢谢"！

合理拒绝。很多时候相较于请求他人帮助，我们更为难的是不知道该如何拒绝他人的不合理求助。我们应该乐于助人，但不能过度地一味扮演一个老好人的角色，有自己的底线和原则，合理适度地拒绝，不仅不会影响你的人际关系，还会在一定程度上获得他人的尊重。

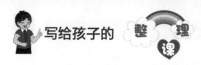

注重修养。修养指的不一定是你的学历、能力，更多的是在日常生活中你和他人的相处方式，比如谈吐、穿着、说话等等。当你不断地丰富自己的学识，拓宽自己眼界的时候，你的课余生活就会变得丰富多彩。

平等原则。人和人交往的基础是平等，以高姿态的方式与人相处很难获得他人的认可，不管是性别、年龄、学历、收入都不能作为与人相处高姿态的资本，每个人都愿意和真诚的人交往。

小试牛刀

下面是几个小伙伴的课外生活，结合上面的提示，你来给点建议吧。

严梓睿是小学二年级的学生，学习能力很强，课堂上的知识点当堂就能掌握好，任何测验成绩都是 A。但是严梓睿不喜欢与同学们一起学习，什么事情都喜欢自己来，每次老师布置小组练习，严梓睿都很排斥，在日常的课余生活中，严梓睿与同学们几乎也没有交集，不喜欢参加任何集体性的活动。渐渐地，他发现自己没有朋友了，感到很孤单。班主任发现了他的问题，告诉他：除了学习，与人交往也是他需要学习的重要技能。

整理能手做分析

这样选择的优点是＿＿＿＿＿＿＿＿＿＿＿＿＿＿＿＿＿＿＿＿＿

我的建议是＿＿＿＿＿＿＿＿＿＿＿＿＿＿＿＿＿＿＿＿＿＿＿＿＿

原因是＿＿＿＿＿＿＿＿＿＿＿＿＿＿＿＿＿＿＿＿＿＿＿＿＿＿＿

李欣雅是小学四年级的学生，小小年纪钢琴已经过了六级，能说一口流利的英语，个子高挑，成绩也很优秀，可是她的言谈举止总是伤害到身边的小伙伴。有一次李欣雅的同桌王子涵语文考试考了 90 分，非常的高兴，李欣雅却说：90 分至于这么高兴吗！这让王子涵非常生气。每次同学们有什么好事物分享给大家时，李欣雅都是一副不屑一顾的表情，好像在嘲笑别人。久而久之，大家都不喜欢和她交朋友了，她这时才发现，没有朋友的日子，自己很孤单。

整理能手做分析

这样选择的优点是＿＿＿＿＿＿＿＿＿＿＿＿＿＿＿＿＿

我的建议是＿＿＿＿＿＿＿＿＿＿＿＿＿＿＿＿＿＿＿＿

原因是＿＿＿＿＿＿＿＿＿＿＿＿＿＿＿＿＿＿＿＿＿＿

王新涵是初中一年级的学生，她是一个乐于学习的孩子，除了学校学习的内容外，她还自己购买了一些 Python 编程方面的书籍，开始自学编程。虽然编程内容有些枯燥难懂，但是她善于钻研，在她的不懈努力下，已经能够设计出一些简单的小游戏了。在学习编程的过程中，她感觉自己的逻辑思维能力有了明显的进步，考虑事情也更加周全了。

整理能手做分析

这样选择的优点是＿＿＿＿＿＿＿＿＿＿＿＿＿＿＿＿＿

我的建议是＿＿＿＿＿＿＿＿＿＿＿＿＿＿＿＿＿＿＿＿

原因是＿＿＿＿＿＿＿＿＿＿＿＿＿＿＿＿＿＿＿＿＿＿

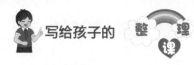

■我的新计划

3. 远离不好的课外生活

良好的课外生活不仅可以在紧张的学习之余让自己得到放松，还可以多方面地提升自己。不好的课外生活指的是对小伙伴身心健康没有有益的影响，无效消耗大家的精力，对提升大家能力没有帮助的活动。

对于不好的课外生活，我们一定要远离。如何远离不好的课外生活呢？除了需要老师、家长的督促之外，小伙伴自身的主观原因起到至关重要的作用。

张一涵的妈妈又一次被老师请到学校沟通他的学习情况，这已经是这个学期第三次被班主任约谈了，张一涵的妈妈也很头疼。

"一涵妈妈，孩子现在刚刚上初中，心思一点儿都不在学习上，学习压力肯定要比小学大一点儿，但是学生也不能自我放弃，一味沉迷于游戏对孩子身心发展都会产生极大的影响。而且现在也不仅仅是打游戏影响学习的问题，张一涵已经有点儿分不清现实环境和游戏世界了，今天打同学就是因为他以为是在游戏中，所以才会出手如此重，希望家长重视这件事情。"

"在家里我们都严格禁止张一涵打游戏，为了防止他打游戏，家里的网都断了，就是这样依然没能禁止住，我和孩子爸爸也是很头疼，今天发生这样的事情对我们也是敲响了警钟。李老师，给您添麻烦了。"

从学校出来之后张一涵的妈妈决定好好跟张一涵谈一谈……

想一想，你在课外生活中，都在干些什么？是沉迷于游戏中不能自拔，或是沉醉于电视剧的虚幻世界中，还是陶醉在各种网络小说中？家长一遍又一遍地催促你完成作业时，你明知道作业还没完成，可你就是离不开这些让你有所牵挂的娱乐，不知不觉中，学习成绩下降了，与朋友的交往变少了……

你有上述情况吗？如果有，你需要学会如何远离不好的课外生活。

■爱整理，会生活

安全隐患＋影响身体发育＋影响身心健康＋封闭式课外生活＝需要远离的课外生活

有安全隐患的课外生活，是我们首先要远离的。所有的课外活动，应该遵循的第一原则就是安全原则。在全世界范围内，每天都有意外在发生，每天都有人因意外而离开这个美丽的世界。但你去问任何人：你今天会发生意外而离开这个世界吗？相信任何人都会说"不会"！

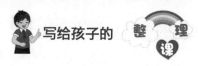

意外的产生，更多时候是人们缺乏安全意识，在有安全隐患的场所玩有安全隐患的游戏，这时发生意外的可能性会大许多。为了小伙伴的安全，请大家在课外活动时，一定选择安全的场所，进行安全的活动。

课外活动要选择安全的场所，要远离公路、铁路这些交通繁忙的地方，要远离建筑工地、装修工地等施工场所，远离高压电线、变压器所在的场所，远离户外较深的湖、河等有水威胁的场所，远离水井、道路井盖等场所。

课外活动要选择安全的活动来参与。小伙伴要注意不做危险性强的游戏，不模仿电影、电视中的危险镜头，例如把身体探出车窗外、攀爬高的建筑物、用刀棍等互相打斗、用石头等互相投掷、点燃树枝废纸等。这样做的危险性很大，容易造成预料不到的恶果。

小试牛刀

下面是几个小伙伴的课外生活，结合上面的提示，你来给点建议吧。

魏小冉是一年级的小学生，她家门口有一条公路，是她家附近最平坦的地方了，因为平时路过的车并不多，每当放学时，她都和几个小伙伴在公路上玩一会儿。妈妈不止一次跟她说过，公路上很危险，不要去那里玩。可是她并没有把妈妈的话放在

心上，因为每次和小伙伴在公路上玩时，很少见到有车路过，即使有车，也是缓缓行驶而过。这一天，她正和几个小伙伴在公路上与小狗玩耍时，远处疾驰而来一辆小汽车，在离她们很近时，并没有减速，只是按响了喇叭。魏小舟听到喇叭声，赶紧躲开了，可是陪在她身边的小狗却躲避不及，被汽车撞死了。她为此伤心了很久，如果不是在公路上玩，小狗也不会死了。她还庆幸自己跑得快，要是再慢一点，也就跟小狗一个下场了，想想都觉得可怕。

整理能手做分析

这样选择的优点是＿＿＿＿＿＿＿＿＿＿＿＿＿＿＿＿＿＿＿

我的建议是＿＿＿＿＿＿＿＿＿＿＿＿＿＿＿＿＿＿＿＿＿＿

原因是＿＿＿＿＿＿＿＿＿＿＿＿＿＿＿＿＿＿＿＿＿＿＿＿

岳默轩是小学三年级的学生，他们家附近正在盖大楼，来来往往的工程车辆很多。一个偶然的机会，他见到了建筑工地里面的样子，沙子、水泥、钢筋、砖块、小推车、铁锹等建筑材料与工具堆积在工地各处。他像发现了新大陆一样，叫着几个小伙伴就去玩了。他们一会儿在沙子堆里掏洞，一会儿推着小推车疯跑，最后，他们开始拿着砖块"盖大楼"。他们先从地上找一些零散的砖块，当零散的砖块不够用时，他们就去拆垒好的砖，由于工地上的砖摆得很高，他们就只能从下面去抽取，一块、两块……结果垒好的砖墙倒塌了，砖块把他压在了下面，幸好有工地巡逻的工人过来，及时救出了他。

整理能手做分析

这样选择的优点是＿＿＿＿＿＿＿＿＿＿＿＿＿＿＿＿＿＿＿

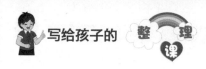
我的建议是_____

原因是_____

　　卢子阳是初中一年级的学生，他刚刚学过燃烧的相关知识，对火产生了浓厚的兴趣。他拿了家里的打火机，经常在外面点火玩。他开始是把地面上的一些废纸聚起来点燃，后来开始把一些干枯的树枝、木材等点燃。这一天，他看到一个废弃的油漆桶被放在一个阴暗的角落里，他打开盖子后，发现看不清油漆桶底下有什么东西，就想道：我可以用打火机打着火来照亮呀。于是，他把头探过去，在油漆桶上方点燃了打火机。轰……油漆桶瞬间起火了，他的整张脸都被烧伤了，头发也都烧没了。幸好有路人发现了他，把他送到医院，不然后果不堪设想。

整理能手做分析

这样选择的优点是_____

我的建议是_____

原因是_____

　　影响身体发育的课外生活，是我们需要远离的。小伙伴们正处在长身体的关键时期，这个时期如果耽误了生长发育，可能会影响一辈子。因此，在课外活动的选择中，我们一定要注意远离那些可能影响我们身体发育的活动。

　　对我们身体发育影响最大的是毒品，我们在生活中必须坚决远离。一旦摄入毒品，人体的正常功能就会受到严重损害，甚至无法治愈。常见的后遗症是使人变得呆滞，反应迟钝，记忆力下降，脾气暴躁。更重要的是，吸毒会使人们改变正常的生活规律。一旦毒品上瘾，骨头就会像成千上万只蚂蚁在咬一样疼。鸦片、海洛因、吗啡、大麻、可卡因等，是国家严格管制的能够使人上瘾的毒品。现在，"臭屁蛋""开心水""笑气""蓝精灵"等毒品披着美丽名字的外衣，来到了小伙伴的身边，大家可一定要注意防范！

喝酒对我们身体发育影响巨大。小伙伴们正处在长身体的阶段，身体各个器官的发育还不成熟，即使是少量地饮酒，也容易对大脑产生一定的损害，很有可能会导致智力发育迟缓、思想反应迟钝等症状，还会使小伙伴注意力分散，记忆力减退，影响学习。尤其是大量饮酒引发的急性酒精中毒，对于神经系统发育不完善、自身解毒能力较差的小伙伴们来说，危害更大，严重的会影响呼吸循环中枢，导致死亡。

吸烟对我们的身体发育影响很大，烟草里面含有 5000 多种有害物质，60 多种致癌、促癌物质，这些都会对小伙伴的生长发育带来一定的影响，影响肺部的生长发育，会损害呼吸道，这样小伙伴以后患呼吸道系统疾病的概率就会大大提升。有些小伙伴说，我不吸烟，为什么我也容易咳嗽、生病呢？那是因为大人抽的烟扩散到空气中，我们不知不觉间就吸了二手烟，二手烟的危害一点儿也不比直接抽烟小。

小试牛刀

下面是几个小伙伴的课外生活，结合上面的提示，你来给点建议吧。

牛少菊是二年级的小学生，她最近在学校门口发现有人在卖一种神奇的气体，只要闻一闻这种气体，就会不由自主地大笑。她发现这个非常好玩，就买了一些，一到课间就与几名小伙伴凑到一起闻，然后看谁笑得最好。为了赢得比赛，她一次吸入了好

多笑气，她笑着笑着就忽然晕倒了。幸好班主任老师发现了，及时把她送到医院进行抢救。医生告诉她：笑气是一种麻醉性气体，具有成瘾性，长期接触此类气体还可能引起贫血及中枢神经系统损害，如果超量摄入，很可能因为缺氧导致窒息死亡。幸好班主任老师及时把她送到医院，不然后果不堪设想。

整理能手做分析

这样选择的优点是＿＿＿＿＿＿＿＿＿＿＿＿＿＿＿＿＿＿＿

我的建议是＿＿＿＿＿＿＿＿＿＿＿＿＿＿＿＿＿＿＿＿＿＿

原因是＿＿＿＿＿＿＿＿＿＿＿＿＿＿＿＿＿＿＿＿＿＿＿＿

龚晓萌是四年级的小学生，她长期反复地咳嗽，感到身体很不舒服，于是父母带她到医院检查，检查结果竟然是肺癌，她才刚刚十岁呀！在医生的询问下，才知道，原来她的爸爸抽烟很厉害，每天都要抽两包烟，家里总是烟雾缭绕。烟草燃烧时会产生上千种化学物质，其中不乏各种有毒物质，对未成年的小伙伴来说影响是巨大的。龚晓萌就是在这样的环境中，被迫吸了十年的二手烟，由于她的年龄小，身体各个器官比较娇嫩，在二手烟的侵蚀下，很多器官已经不堪重负了。看着躺在病床上的女儿，爸爸追悔莫及。

整理能手做分析

这样选择的优点是＿＿＿＿＿＿＿＿＿＿＿＿＿＿＿＿＿＿＿

我的建议是＿＿＿＿＿＿＿＿＿＿＿＿＿＿＿＿＿＿＿＿＿＿

原因是＿＿＿＿＿＿＿＿＿＿＿＿＿＿＿＿＿＿＿＿＿＿＿＿

侯明海是初中二年级的学生，他的同学马上要过生日了，他应邀前去庆祝。一众小伙伴在家里短暂停留后，来到饭店准备好好庆祝一番。进门时，他看到其他桌上也有人在庆祝生日，他们不时举杯庆祝，喝酒时的豪爽让气氛非常活跃。于是，他就带头模仿，也开了几瓶啤酒，但才几瓶啤酒下肚，他就感觉头昏昏沉沉的，脑子反应也迟钝了很多。到了第二天，他发现自己已经记不清昨天的事情了，而且在完成背诵作业时，他背诵的速度下降了很多。妈妈

告诉他，他现在还是未成年人，不能饮酒，否则会对记忆力造成严重影响，如果醉酒严重，还可能危及生命。

整理能手做分析

这样选择的优点是＿＿＿＿＿＿＿＿＿＿＿＿＿＿＿＿＿＿＿＿

我的建议是＿＿＿＿＿＿＿＿＿＿＿＿＿＿＿＿＿＿＿＿＿＿＿

原因是＿＿＿＿＿＿＿＿＿＿＿＿＿＿＿＿＿＿＿＿＿＿＿＿＿

影响身心健康发展的课外生活，是我们需要远离的。小伙伴们正处在世界观、人生观、价值观形成的关键时期，学习与生活的环境对大家来说非常重要，这时一定要远离对身心发展不利的课外生活。

电子产品在各个家庭中普遍存在，这些电子产品的研发初心是为了帮助人们学习，让娱乐时间更加有趣。可是由于人们的自制力不同，电子产品开始慢慢侵蚀人们的时间，让原本应该占据少量时间的游戏，占据了大部分的学习生活时间，严重影响了人们的正常生活。小伙伴们要避免沉迷于游戏之中。

不健康的书籍，应该远离我们的课外生活。老师和家长都推

荐小伙伴读一些课外书，这些书籍都是大人筛选出来的对小伙伴成长有利的书籍，大家应该大量阅读。但是，有些书籍并不适合小伙伴阅读，比如充满暴力的书籍、充满色情的书籍、与历史事实不符的网络书籍等。

赌博行为是大家必须要远离的课外活动。赌博是我们国家明令禁止的行为，有的人因在赌博中输了，却没有能力履行赌约，就走上了偷盗、抢劫的犯罪道路。赌博助长了不劳而获的习气，容易让人忘记勤奋工作的初衷，有的人为了赌博，不顾朋友和家人的唠叨与怨气，最终导致好友反目、亲人失和、骨肉分离、妻离子散。

小试牛刀

下面是几个小伙伴的课外生活，结合上面的提示，你来给点建议吧。

石舒雅是二年级的学生，家里为了方便她的网上学习，就给她买了一个平板电脑。可是，很快她就发现了平板电脑中比网课更加有趣的内容，那就是电子游戏。于是，她经常趁着妈妈不注意，去玩游戏。慢慢地，她满脑子都是游戏里的人物该怎么升级，还可以做什么任务……后来，妈妈发现她上网课以后，学习成绩反而下降了，而且平板电脑的电量经常莫名其妙地下降一大截。在一次突击检查中，妈妈发现了原来都是游戏惹的祸。于是妈妈跟她约定：电子游戏是一种娱乐，可以玩，但必须是在完成作业以后，而且每次玩的时间不能超过20分钟。

整理能手做分析

这样选择的优点是_____

我的建议是_____

原因是_____

张敬轩是五年级的学生，在课间活动时，他看到同学在看一本网络小说，小说中的主角在不断的打杀中逐渐变得强大，让众人臣服于他。他感觉非常刺激，也买了一本来看，越看越喜欢，认为主角这样的人生才潇洒豪迈。于是他在学校里开始模仿小说中的主角，对不听从自己的同学拳脚相向，很快周围的同学都离他远远的，他变成了孤家寡人。他发现后，又想用暴力让大家跟他玩。这时，班主任老师发现了他的问题，在与他沟通后，找到了问题的根源。在老师的指导下，他不再看这些网络小说，还向大家诚恳道歉，终于，大家又愿意与他一起玩了。

整理能手做分析

　　这样选择的优点是_____

　　我的建议是_____

　　原因是_____

　　王子腾是初中二年级的学生，他在购买文具时，商家送了他一张福利彩票，没想到竟然中了50元。他感觉这50元来得实在是太轻松了，于是，他开始自己去买彩票。他最初时每次购买一张，屡次不中之后，他开始花费大量时间去研究所谓的彩票规律，依然没有中奖。中奖所得的50元已经花光了，他不甘心到手的50元就这样没有了，于是他又向同学借钱去买彩票，想再中奖到50元就收手。他之后虽然偶尔中奖2元钱，但大多时候是不中奖的，不知不觉中，他已经借了500多元了。班主任李老师知道这件事以后，通过数学概率计算让他明白了，中奖的概率其实很小，越想翻本，越会沉迷。

写给孩子的 整理课

整理能手做分析

这样选择的优点是＿＿＿＿＿＿＿＿＿＿＿＿＿＿＿＿＿＿＿＿

我的建议是＿＿＿＿＿＿＿＿＿＿＿＿＿＿＿＿＿＿＿＿＿＿＿＿

原因是＿＿＿＿＿＿＿＿＿＿＿＿＿＿＿＿＿＿＿＿＿＿＿＿＿＿＿

封闭式的课外生活，是我们需要远离的。随着小伙伴的长大，大家已经不再仅仅是与家人打交道，而且会与同伴一起交流、学习、成长，但同伴不会像家人那样时刻让着自己，这时与人交往的能力就格外重要，不会与人交往会使小伙伴产生孤独感，不利于情绪、情感的良好发展。在课外活动中，小伙伴要学会与人交往，遵守游戏规则，使秩序更为良好，大家共同得到发展。当今社会是一个分工合作的社会，每个人都应该学会与他人良好沟通、合作，共同完成相应任务与挑战。

脱离群体，完全独立参与的课外活动，要少参与。完全独立参与活动，固然能提升个人的能力，但是由于缺乏合作与交流，长久来说，并不利于小伙伴们的成长。这种行为就属于闭门造车，不但会降低自己的学习效率，还会使自己与群体脱节，容易钻牛角尖。

单纯树立敌对状态的课外活动，会让小伙伴渐渐脱离群体，慢慢变得身边没有朋友，这样也不利于小伙伴的健康成长。大家应该在一种宽松、和谐的氛围下进行合作与交流，这样才能够提升自己的综合素养。

小试牛刀

下面是几个小伙伴的课外生活，结合上面的提示，你来给点建议吧。

谭岩松是一年级的小学生，他的妈妈从小就给他灌输一种思想——除了家人是真心对你好，其他人对你好都是有企图的。于是，他上学后，在学校里从不与其他同学交流，也不和其他人交朋友，每天回家后，都是自己完成作业，然后自己在房间里玩各种玩具，甚至很少出门去活动。慢慢地，周围的同学一下课都出去一起玩了，他只能自己一个人默默地坐在座位上，时间长了，他的性格变得越来越孤僻，就更没有人愿意跟他一起玩了。班主任发现这个问题后，与其父母进行了沟通，又对他进行了单独教育，他终于明白了：学校不但是学习的地方，也是一个培养交际能力的地方，要在这里锻炼自己与人交往的能力。

整理能手做分析

这样选择的优点是_____

我的建议是_____

原因是_____

岳金成是四年级的学生，他每天完成作业后，都去楼下的篮球场看别人打篮球，并且经常与那些篮球高手交流打球心得。慢慢地，球场上的人开始接受他，并邀请他一起打篮球。在打篮球的过程中，他语言幽默，经常逗得大家哈哈大笑，还与队友配合默契，多次得分，成了篮球场上的焦点人物，大家都喜欢和他在一起打球。打球给了他自信，渐渐地，他整个人都变得更加优秀了。

整理能手做分析

这样选择的优点是_____

我的建议是_____

原因是_____

苏嘉妮是初中二年级的学生，为了让她有更强的目标感，爸

爸给她设定了几个同学作为目标，让她考试时要超过他们，并告诉她：学习就是战场，你的下一场战斗就是干掉对方，不然你就会被对方干掉。在爸爸的多次引导下，她对这些同学有了敌对的感觉，干什么都用敌视的心态来对待。同学发现了她的不正常状态，开始远离她。她没有及时警醒，还对自己说：对手就是对手，已经开始害怕我、反击我了。后来，她发现身边所有的人都用一种敌对的眼光看她，让她心里极不舒服。班主任发现了她的问题，与她几次交流之后都没有好转，只好让其家长带她去做心理治疗，她的爸爸知道后非常后悔。

整理能手做分析

这样选择的优点是_____

我的建议是_____

原因是_____

■我的新计划

影响身体发育的活动有……

有些课外生活不能要……

在整理课外活动时，应该注意……